图形图像处理案例教程 Photoshop CS5

主　编　巩建学　高德梅　徐美霞
副主编　韩　静　董佳佳　张玉坤
主　审　王丽艳　张在职

中国建材工业出版社

图书在版编目（CIP）数据

图形图像处理案例教程：Photoshop CS5／巩建学，
高德梅，徐美霞主编. —北京：中国建材工业出版社，
2014.6

ISBN 978-7-5160-0809-6

Ⅰ. ①图…　Ⅱ. ①巩… ②高… ③徐…　Ⅲ. ①图象处
理软件-教材　Ⅳ. ①TP391.41

中国版本图书馆 CIP 数据核字（2014）第 080013 号

内 容 简 介

　　本书采用项目教学法编写，所选教学案例均来自企业实际项目，通过案例系统地讲解了 Photoshop CS5 进行各种处理和设计的基本知识和技能。全书共有 10 个项目，包括平面设计与图像处理概述、Photoshop CS5 基本操作、软皮抄封面设计、锐估理财 LOGO 及封套设计、结缘心理咨询培训中心产品设计、食品包装 1、食品包装 2、音乐网站、CD 包装设计和书籍装帧设计。

　　本书可作为高职高专院校计算机类及艺术类相关专业的教材使用，也可作为各类培训机构、图形图像制作人员和平面设计人员的参考用书。

图形图像处理案例教程 Photoshop CS5

主　编　巩建学　高德梅　徐美霞

出版发行：**中国建材工业出版社**

地　　址：北京市西城区车公庄大街 6 号
邮　　编：100044
经　　销：全国各地新华书店
印　　刷：北京鑫正大印刷有限公司
开　　本：787mm×1092mm　1/16
印　　张：12.75
字　　数：314 千字
版　　次：2014 年 6 月第 1 版
印　　次：2014 年 6 月第 1 次
定　　价：**36.00 元**

本社网址：www.jccbs.com.cn　　微信公众号：zgjcgycbs
本书如出现印装质量问题，由我社市场营销部负责调换。联系电话：(010)88386906

前　　言

信息技术的应用，涉及人们工作、学习、生活的方方面面，越来越多的人开始使用图像处理软件进行平面设计、网页设计、图像处理、影像合成和数码照片后期处理等。Adobe Photoshop CS5 就是一款功能强大、应用广泛的专业级图像处理软件。如今，Photoshop 拥有大量的用户，除了专业级设计人员外，摄影室和影楼工作人员都普遍使用该软件进行图像修饰。

本书所有教学案例都来自企业实际项目，通过这些案例系统地讲解了使用 Photoshop CS5 进行图层编辑处理、文字编辑处理、通道与蒙版应用、绘图造型、滤镜视觉特效制作、数码照片处理、包装设计、海报招贴设计、平面广告设计等所需要的软件技能和设计知识。全书共有 10 个项目，具体如下：

项目 1：平面设计与图像处理概述。

项目 2：Photoshop CS5 基本操作。

项目 3：软皮抄封面设计。

项目 4：锐估理财 LOGO 及封套设计。

项目 5：结缘心理咨询培训中心产品设计。

项目 6：食品包装 1。

项目 7：食品包装 2。

项目 8：音乐网站。

项目 9：CD 包装设计。

项目 10：书籍装帧设计。

本书由山东工业职业学院巩建学、徐美霞，山东丝绸纺织职业学院高德梅担任主编，其中巩建学编写了项目 3、项目 4 和项目 5，山东丝绸纺织职业学院高德梅编写了项目 2 和项目 10，山东工业职业学院徐美霞编写了项目 6 和项目 7，山东工业职业学院董佳佳编写了项目 8，山东丝绸纺织职业学院韩静编写了项目 1 和项目 9。全书由山东丝绸纺织职业学院王丽艳和山东工业职业学院张在职担任主审。

本书的出版得到了兄弟院校的大力支持，在此表示衷心感谢！由于编写水平有限，时间匆忙，书中难免有不少疏漏和不妥之处，敬请读者批评指正。

编　者

2014 年 3 月

中国建材工业出版社
China Building Materials Press

我们提供

图书出版、图书广告宣传、企业/个人定向出版、设计业务、企业内刊等外包、代选代购图书、团体用书、会议、培训，其他深度合作等优质高效服务。

编辑部
010-88364778

图书广告
010-68361706

出版咨询
010-68343948

图书销售
010-68001605

设计业务
010-68343948

邮箱：jccbs-zbs@163.com　　网址：www.jccbs.com.cn

发展出版传媒　　服务经济建设

传播科技进步　　满足社会需求

（版权专有，盗版必究。未经出版者预先书面许可，不得以任何方式复制或抄袭本书的任何部分。举报电话：010-68343948）

目　　录

项目 1　平面设计与图像处理概述

1.1　问题分析

1. 用于设计的图片素材必须具备哪些条件才可印刷？

用于印刷的图片素材最基本的要达到两个要求：色彩必须为 CMYK 模式，输出分辨率不得低于 300dpi。

2. 位图和矢量图有什么区别，各有什么优缺点？

位图受到分辨率的制约，在放大使用时容易造成"马赛克"现象，影响画面效果，但是位图色彩丰富的特点是矢量图无法比拟的；矢量图可随意放大使用，对于画面而言，不受分辨率约束，但是色彩表现方面不如位图精细。

3. 在存储时，如何选择正确的存储格式呢？

不同的文件格式对于文件都有影响，普通查看及预览的图片使用 JPEG 格式即可，Photo-shop 创建的文件可直接保存为 PSD 格式，小动画类的文件使用 GIF 即可，其余格式按照使用范围不同可灵活选择。

4. 不同的色彩模式会影响文件的大小吗？　设计时如何选择正确的模式？

色彩的模式对于文件大小存在一定的影响，色彩模式的选择要针对具体的目的，如仅为练习或上传到网络的话，建议使用 RGB 模式，印刷则应选 CMYK 模式。

5. 分辨率与图像质量的关系是怎样的？

图像分辨率越高，图像的质量就越好，越容易满足设计需求。

6. 显示器里显示的颜色和印刷出的颜色相同吗？　怎样避免显示器显示的颜色和印刷成品的颜色出现色差？

显示器显像原理是根据 RGB 的色彩模式而来，印刷品所用模式均为 CMYK，所以显示器里显示的颜色和印刷出的颜色是不同的，如果要避免显示器显示的颜色和印刷成品的颜色出现色差，需要借助于专业的印刷色谱来校色。

1.2　关于平面设计的概念

1. 平面设计的概念

设计者借助一定的工具将所表达的形象及创意思想在二维空间塑造视觉艺术。

2. 平面设计的一般流程

（1）思想性阶段：进行有关设计目标、设计背景、设计方法等多方面的构思。

（2）视觉化阶段：把构思转化为图像。

1.3 平面设计的应用

1. 广告设计（图1-1）

经营：

以汽车服务为主（洗车、美容、装饰、影音），

也做各品牌轿车的维修

图1-1 广告设计

2. 包装设计（图1-2）

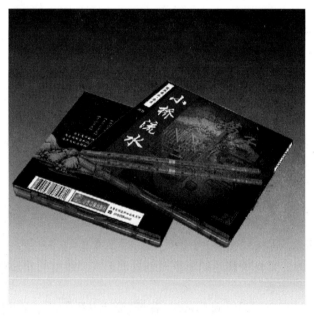

图1-2 包装设计

3. 宣传海报（图1-3）

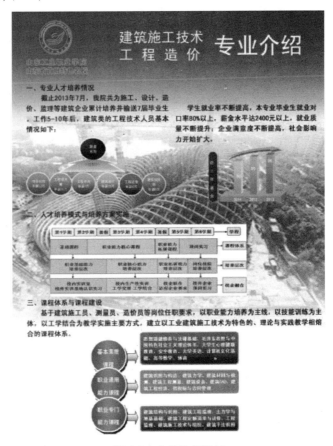

图1-3 宣传海报设计

4. 商标设计（图1-4）

图1-4 商标设计

5. 网站平面设计（图1-5）

图1-5　网站平面设计

1.4　图像的基本概念

1. 图像的种类

（1）位图图像（图1-6）：也叫栅格图像，是用像素来代表图像，每个像素都被分配一个特定位置和颜色值（位图图像与分辨率有关）。

图1-6　位图图像

（2）矢量图形（图1-7）：由称为矢量的数学对象定义的线条和曲线组成。矢量根据图像的几何特性描绘图像。矢量图形适于重现清晰的轮廓，如徽标或插图中的线条。它们可以按任意分辨率打印或显示而不丢失细节（矢量图形与分辨率无关）。

图1-7　矢量图形

（3）像素（图1-8）：是 Photoshop 中组成图像的最基本的单位。它是一个小的正方形的颜色块。单位面积内的像素越多，分辨率越高，图像的效果也就越好。

图1-8　像素与分辨率

（4）颜色深度（图1-9）：是指图像中可用的颜色数量，又称为像素深度或位深度，其中位深度通常用每个像素点上颜色的数据位数（bit）来表示，色彩深度则以2的幂来表示。如果以灰度（8bit）方式扫描则会产生 256 级灰度；如果以 RGB（24bit）方式扫描时则会产生 16777216（2 的 24 次方）种颜色。常用的色彩深度有 1 位、8 位、24 位和 32 位等几种。

图 1-9　颜色深度

　　（5）图像分辨率（图 1-10）：是指图像中每单位打印长度显示的像素数目，通常用像素/英寸（ppi）来表示。相同尺寸的图像分辨率越高，单位长度上的像素数越多，图像越清晰。图像分辨率可用每英寸含有多少像素点来表示，如 250ppi 表示每英寸含有 250 个像素点，又如 72ppi 分辨率的 1×1 英寸的图像共包含 5184 像素。

(a)　　　　　　　　　　　　　　　　　　(b)

图 1-10　图像分辨率
(a)72ppi；(b)350ppi

1.5 图像的颜色模式

颜色模式决定了用来显示和打印所处理图像的方法,在 Photoshop 中可以确定图像中能显示的颜色,影响文件的大小等。

1. 位图模式(图 1-11):颜色深度为 1,有黑白两种颜色值,所以又称黑白图像或一位图像。

图 1-11 奥特曼黑白 　　　　　　　　　　图 1-12 奥特曼升级照

2. 灰度模式(图 1-12):颜色深度为 8,最多可使用 $2^8 = 256$ 种颜色值,也就是它把从白到黑分为了 256 个等级。

3. RGB 模式(图 1-13):颜色深度为 24,用 R(红)、G(绿)、B(蓝),每种颜色取值从 0 到 255,是存储中最常用的一种颜色模式。

4. CMYK 模式(图 1-14):是一种印刷模式。其中 4 个字母分别指青(Cyan)、洋红(Magenta)、黄(Yellow)、黑(Black),在印刷中代表 4 种颜色的油墨。CMYK 模式在本质上与 RGB 模式没有什么区别,只是产生色彩的原理不同。

图 1-13 奥特曼彩照(RGB 模式) 　　　　图 1-14 奥特曼打印照(CMYK 模式)

1.6 图像文件格式

Photoshop 提供了专用的格式和用于应用程序交换的文件格式,共有 20 多种格式可供选择。理解图像文件格式是非常重要的,因为使用 Photoshop 制作图像,不仅仅是在电脑上观看的,更多的是要发布到各个领域,但如果不能在各个应用领域选择正确的文件格式,不仅所得到的效果将会大打折扣,甚至可能无法得到正确的效果。

1. BMP 格式

BMP 是英文 Bitmap(位图)的简写,它是 DOS 和 Windows 操作系统中的标准图像文件格式,能够被多种 Windows 应用程序所支持。随着 Windows 操作系统的流行与丰富的 Windows 应用程序的开发,BMP 位图格式理所当然地被广泛应用。这种格式的特点是包含的图像信息较丰富,几乎不进行压缩,但由此导致了它与生俱来的缺点——占用磁盘空间过大(图 1-15 和图 1-16)。所以,目前 BMP 在单机上比较流行。

图 1-15 BMP 文件大小 1.25MB 　　　　　　　　图 1-16 JPEG 文件大小 0.12MB

2. TIF(TIFF)格式(图 1-17)

用于在不同的应用程序和不同的计算机平台之间交换文件,换言之,使用 TIFF 格式文件格式保存的图像可以在 PC 机、Mac 机等不同的操作平台上打开,而且不会有差别,可以跨平台。TIFF 格式可以保存通道、图层、路径等信息,这点与 PSD 格式相似。

图 1-17 TIFF 格式图像

3. GIF 格式（图 1-18 和图 1-19）

用的 8 位颜色，也就是 256 种颜色，所以图像文件比较小。如要在网络上传送图像文件，使用 GIF 格式的图像文件要比其他格式的图像文件快得多。现在 GIF 格式主要用于创建具有动画效果的图像，另外 GIF 格式还支持透明背景。

图 1-18　GIF 格式图像 1　　　　　　　图 1-19　GIF 格式图像 2

4. JPEG 格式（图 1-20 和图 1-21）

JPEG 文件的扩展名为 .jpg 或 .jpeg，其压缩技术十分先进，它用有损压缩方式去除冗余的图像和彩色数据，在取得极高的压缩率的同时能展现十分丰富生动的图像，换句话说，就是可以用最少的磁盘空间得到较好的图像质量。

JPEG 格式的文件尺寸较小，下载速度快，使得 Web 页有可能以较短的下载时间提供大量美观的图像，JPEG 同时也就顺理成章地成为网络上最受欢迎的图像格式。

JPEG 还是一种很灵活的格式，具有调节图像质量的功能，允许你用不同的压缩比例对这种文件进行压缩，比如我们最高可以把 1.37MB 的 BMP 位图文件压缩至 20.3KB。当然我们完全可以在图像质量和文件尺寸之间找到平衡点。

图 1-20　桂林山水　　　　　　　　　图 1-21　淄博的淋漓湖

5. PSD 格式（Photoshop 专用格式）

PSD 格式（图 1-22）是软件自身的专用文件格式，PSD 格式在保存时会将文件压缩以减少占用的磁盘空间。PSD 文件格式也是唯一能够支持全部图像色彩模式的格式，它还支持网格、通道以及图层等。打开和存储文件速度较其他格式快，但存储的文件大，占用磁盘空间较多。

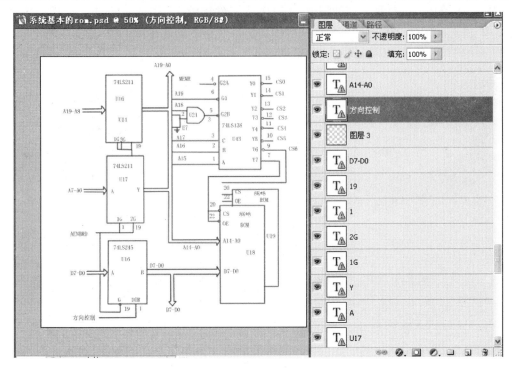

图 1-22　带图层、通道、路径的 PSD 格式图片

项目 2 Photoshop CS5 基本操作

2.1 作品效果图

作品效果如图 2-1 所示。

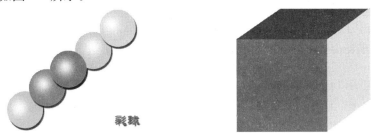

图 2-1 彩球和立方体的制作

2.2 Photoshop 基本操作

2.2.1 图像的放大与缩小

（1）执行文件—打开，在弹出对话框中，通过文件路径，打开"门环"文件，如图 2-2 所示。

图 2-2 文件打开对话框

11

小知识：

图像文件打开的方法汇总。

方法1：执行文件—打开。此方法步骤多。

方法2：快捷键：Ctrl + O，O 代表 Open。Ctrl 和 O 组合键离得远不方便使用。

方法3：在窗口中间灰色的区域双击鼠标左键（强烈推荐使用此方法，方便快捷）。

（2）使用缩放工具，或者使用快捷键 Z。这时鼠标变成带有 + 的放大镜状，单击可以放大图像，也可以在按下鼠标左键的同时在画面上拖出一个虚线框，对某一局部进行放大。

（3）如果想要将图像缩小，可选择工具栏里的缩小按钮让图像缩小。

快捷键：在使用任何工具时，可以按下 Ctrl + Space 组合键与 Alt + Space 组合键分别切换到放大与缩小工具。

（4）双击抓手工具可以使图像由当前状态适合到屏幕大小。

（5）拖动导航器面板上的缩放滑块来对图像进行缩放。右边为放大，左边为缩小，如图2-3所示。

图2-3　导航器

2.2.2　图像的裁切

在工具栏中可以选择裁切工具对图像进行裁切，快捷键是 C(Cut)（图2-4、图2-5）。

图2-4　裁切前

图 2-5　裁切后

小知识：

（1）在使用裁切工具时，被裁切掉的区域比保留部分显得暗一些，这些和裁切工具的属性栏设置有关系，如图 2-6 所示。为了减少操作时的干扰，在 Photoshop 中默认将被裁切的区域以具有一定不透明度的黑色加以覆盖，可以通过取消屏蔽选项或者改变屏蔽色彩以及调整不透明度参数来改变被裁切掉的区域的状态。

图 2-6　对照图

（2）某些客户提供的图片中，照片的主题并不是正置着的，有的甚至倾斜很多，在进行素材的整理时可以通过裁切命令将其正置过来，如图 2-7 和图 2-8 所示。

（3）几个常用的快捷键

填充前景色和背景色：Alt + Del　　Ctrl + Del

存储与存储为：Ctrl + S　Ctrl + Shift + S

临时切换为抓手工具：Space

抓手工具:H(Hand)

裁切工具:C(Cut)

缩放工具:Z(Zoom)

放大与缩小切换:A(Alt)

移动工具:V

图2-7 裁切前

图2-8 裁切后

2.2.3 前景色和背景色的填充

在 Photoshop 中可以通过工具箱来设置前景色与背景色,也可以通过拾色器对话框、颜色调板、色板调板来设置颜色,如图2-9、图2-10 所示。

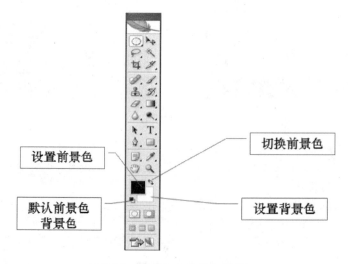

图2-9 前景色和背景色的设置

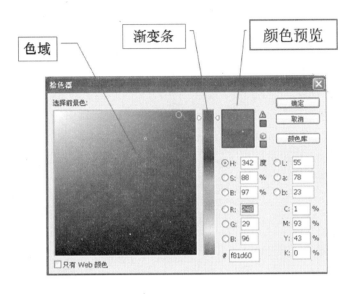

图 2-10　拾色器对话框的设置

小知识：

前景色填充：Alt + Del 或 Alt + BackSpace

背景色填充：Ctrl + Del 或 Ctrl + BackSpace

D 键：恢复默认的前景色（黑）、背景色（白）

X 键：切换前景色、背景色

Ctrl + Z：一步撤销

Ctrl + Alt + Z：多步撤销

Ctrl + R：显示隐藏标尺

Ctrl + '：显示隐藏网格

在任何工具下，按 Ctrl 临时切换到移动工具；

在任何工具下，按 Ctrl + Alt 临时切换到复制图层、选区。

2.2.4　知识要点——选区的选取工具

在 Photoshop 中进行图像处理时，离不开选区。通过选区对图像进行操作不影响选区以外的图像，多种选取工具结合使用才能更精确创建选区。

选区是指图像中由用户指定的一个特定的图像区域。创建选区后，绝大多数操作都只能针对选区内的图像进行。Photoshop CS5 中提供了多种创建选区的工具，如选框工具、套索工具、魔棒工具等。用户应熟练掌握这些工具和命令的使用方法。

1. 选框工具组

选框工具包括矩形选框工具、椭圆选框工具、单行选框工具和单列选框工具。选框工具组位于工具箱中的左上角，默认为矩形选框工具。

（1）矩形、椭圆选框工具

使用矩形或椭圆选框工具可以创建外形为矩形或者椭圆的选区，具体的操作过程如下：

① 在工具箱中选择▣（矩形选框工具）或者◯（椭圆选框工具）。

② 在图像窗口中拖动鼠标即可绘制出一个矩形或椭圆形选区，此时建立的选区以闪动的虚线框表示，如图 2-11 所示。

③ 在拖动鼠标绘制选框的过程中，按住 Shift 键可以绘制出正方形或圆形选区；按住 Shift + Alt 键，可以绘制出以某一点为中心的正方形或圆形选区。

④ 此外，在选中矩形或椭圆选框工具后，可以在选项栏的"样式"列表框中选中以下几种控制选框的尺寸和比例的方式，如图 2-12 所示。

图 2-11　绘制选区　　　　　　　　　　图 2-12　样式种类

（2）单行、单列选框工具

▭（单行选框工具）和▯（单列选框工具）专门用于创建只有一个像素高的行或一个像素宽的列的选区，具体操作过程如下：

① 选择工具箱中的▭（单行选框工具）和▯（单列选框工具）。

② 在图像窗口中单击，即可在单击的位置建立一个单行或单列的选区。

2.2.5　知识要点——图层的基本知识

"图层"是由英文单词"Layer"翻译出来，"Layer"原意就是"层"的意思。在 Photoshop 中，可以将图像的不同部分分层存放，并由所有的图层组合成复合图像。

对于一幅包含多图层的图像，可以将其形象地理解为是叠放在一起的胶片。假设有三张胶片，胶片上的图案分别为森林、狮子、大象。现在将森林胶片放在最下面，此时看到的是一片森林，然后将狮子胶片叠放在上面之后，看到的是狮子在森林中奔跑，接着将大象胶片叠放上去，看到的是狮子正在森林中追赶大象。

多图层图像的最大优点是可以对某个图层作单独处理，而不会影响到图像中的其他图层。

1. 图层面板和菜单

图层面板是进行图层编辑操作时必不可少的工具，它显示了当前图像的图层信息，从中可以调节图层叠放顺序、图层不透密度以及图层混合模式等参数。几乎所有图层操作都可通过它来实现。而对于常用的控制，比如拼合图像、合并可见图层等，可以通过图层菜单来实现，这样可以大大提高工作效率。

（1）图层面板

执行菜单中的【窗口】/【图层】命令，调出图层面板，如图 2-13 所示。可以看出各个图层在面板中依次自下而上排列，最先建的图层在最底层，最后建的图层在最上层，最上层图像不会被任何层所遮盖,而最底层的图像将被其上面的图层所遮盖。

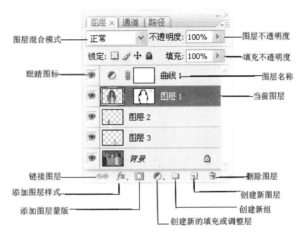

图 2-13　图层面板

- 图层混合模式:用于设置图层间的混合模式。
- 图层锁定:用于控制当前图层的锁定状态。
- 眼睛图标:用于显示或隐藏图层,当不显示眼睛图标时,表示这一层中的图像被隐藏,反之表示显示这个图层中的图像。
- 调节图层:用于控制该层下面所有图层的相应参数,而执行菜单中的"图像"—"调整"下的相应命令只能控制当前图层的参数,并且调节图层具有可以随时调整参数的优点。
- 当前图层:在面板中以蓝色显示的图层。一幅图像只有一个当前图层,绝大部分编辑命令只对当前图层起作用。
- 图层不透明度:用于设置图层的总体不透明度。当切换到当前图层时,不透明度显示也会随之切换为当前所选图层的设置值。
- 填充不透明度:用于设置图层内容的不透明度。
- 图层样式:表示该层应用了图层样式。
- 图层蒙版:用于控制其左侧图像的显现和隐藏。
- 图层链接:此时对当前层进行移动、旋转和变换等操作将会直接影响到其他层。
- 图层名称:每个图层都可以定义不同的名称便于区分,如果在建立图层时没有设定图层名称,Photoshop CS5 会自动一次命名为"图层 1"、"图层 2"等。
- 链接图层:选择要链接的图层后,单击此按钮可以将它们连接到一起。
- 添加图层样式:单击此按钮可以为当前图层添加图层样式。
- 添加图层蒙版:单击此按钮可以为当前图层创建一个图层蒙版。
- 创建新的填充或调节图层:单击此按钮可以从弹出的快捷菜单中选择相应的命名,来创建填充或调节图层。
- 创建新组:单击该按钮可以创建一个新组。
- 创建新图层:单击该按钮可以创建一个新图层。
- 删除图层:单击此按钮可以将当前选取的图层删除。

（2）图层菜单

图层菜单的外观如图 2-14 所示。也可以使用图 2-15 所示的图层面板左上角的快捷菜单进行图层操作。这两个菜单中的内容基本相似，只是侧重略有不同，前者偏向控制层与层之间的关系，而后者则侧重设置特定层的属性。

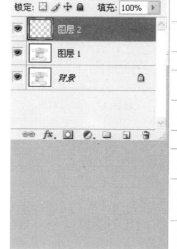

图 2-14　图层菜单　　　　　　　　　　图 2-15　图层面板弹出菜单

除了可以使用图层菜单和图层面板菜单之外，还可以使用快捷菜单完成图层操作。当右键单击图层面板中的不同图层或不同位置时，会发现能够打开许多个含有不同命令的快捷菜单。利用这些快捷菜单，可以快速、准确地完成图层操作。这些操作的功能和前面所述的图层菜单和图层面板菜单的功能是一致的。

2. 图层类型

Photoshop CS5 中有许多类型的图层，例如文本图层、调节图层、形状图层等。不同类型的图层，有着不同的特点和功能，而且操作和使用方法也不尽相同。

（1）普通图层

普通图层是指一般方法建立的图层，它是一种最常用的图层，几乎所有的 Photoshop CS5 的功能都可以在这种图层上得到应用。普通图层可以通过图层混合模式实现与其他图层的融合。

建立普通图层的方法很多，常见的有两种方法：

方法一：在图层面板中单击（创建新图层）按钮，从而建立一个普通图层。

方法二：执行菜单中的【图层】/【新建】/【图层】命令或单击图层面板右上角的小三角，从弹出的快捷菜单中选择"新建图层"命令，此时会弹出如图 2-16 所示的【新建图层】对话框。在该对话框中可以对图层的名称、颜色、模式等参数进行设置，单击"确定"按钮，即可新建一个普通图层。

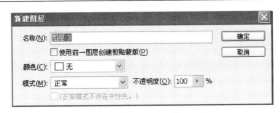

图 2-16 【新建图层】对话框

（2）背景图层

背景图层是一种不透明的图层，用于图像的背景。在该层上不能应用任何类型的混合模式。当打开一个有背景图层的图像，会发现在背景图层右侧有一个"锁"样式的图标，表示当前图层是锁定。

背景图层具有以下特点：

① 背景图层位于图层面板的最底层，名称以斜体字"背景"命名。

② 背景层默认为锁定状态。

③ 背景图层不能进行图层不透明度、图层混合模式和图层填充颜色的控制。

如果要更改背景图层的不透明度和图层混合模式，应先将其转换为普通图层，具体操作步骤如下：

双击背景层，或选择背景层执行菜单中的【图层】/【新建】/【背景图层】命令。在弹出的【新建图层】对话框中，设置图层名称、颜色、不透明度、模式后，单击"确定"按钮，即可将其转换为普通图层。

（3）调整图层

调整图层是一种比较特殊的图层。这种类型的图层主要用来控制色调和色彩的调整。也就是说，Photoshop CS5 会将色调和色彩的设置（比如色阶、曲线）转换为一个调整图层单独存放到文件中，使得可以修改其位置，但不会永久性地改变原始图像，从而保留了图像修改的弹性。

建立调整图层的具体操作步骤如下：

① 对于要调整的图片，执行菜单中的【图层】/【新建调整图层】命令，打开子菜单，如图 2-17 所示。

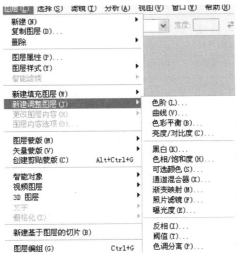

图 2-17 【新建调整图层】子菜单

② 从中选择相应的色调或色彩调整命令,将弹出相应的色调或色彩调整命令的对话框。

③ 在弹出的对话框中具体设置,然后单击"确定"按钮即可。

提示:调整图层对其下方的所有图层都起作用,而对其上方的图层不起作用。如果不想对调整图层下方的所有图层起作用,可以将调整图层与在其上方的图层编组。

(4)文本图层

文本图层是使用(横排文字工具)和(直排文字工具)建立的图层。在利用工具箱上的横排文字或直排文字工具输入文字时,此时自动产生一个文本图层。

如果要将文本图层转换为普通图层,可以执行菜单中的【图层】/【栅格化】/【文字】命令。

提示:在文本图层只能进行"变换"命令中的"缩放""旋转""斜切""变形"操作,而不能进行"扭曲"和"透视"操作,只有将其栅格化之后才能执行这两个操作。

(5)填充图层

填充图层可以在当前图层中进行"纯色""渐变""图案"3 种类型的填充,并结合图层蒙版的功能产生一种遮罩效果。

建立填充图层的具体操作步骤如下:

新建一个文件,然后新建一个图层。

① 选择工具箱上的横排文字蒙版工具,在新建图层上输入"Adobe",结果如图 2-18 所示。

② 单击图层面板下面的创建新的填充或调整图层按钮,从弹出的快捷菜单中选择"纯色"命令,然后在弹出的"拾色器"对话框中选择一种颜色,单击"确定"按钮,效果如图 2-19 所示。

图 2-18　创建文字蒙版区域

图 2-19　创建纯色填充图层

③ 回到第 1 步,单击图层面板下方的创建新的填充或调整图层按钮,从弹出的快捷菜单中选择"渐变"命令,然后在弹出的"渐变填充"对话框中选择一种渐变色,如图 2-20 所示,单击"确定"按钮,结果如图 2-21 所示。

图 2-20　设置渐变填充参数

图 2-21　创建渐变填充图层

④ 回到第 1 步,单击图层面板下方的创建新的填充或调整图层按钮,从弹出的快捷菜单中选择"图案"命令,然后在弹出的"图案填充"对话框中选择一种渐变色,如图 2-22 所示,单击"确定"按钮,结果如图 2-23 所示。

图 2-22　设置图案填充参数

图 2-23　创建图案填充图层

（6）形状图层

当使用"矩形工具""圆角矩形工具""椭圆工具""多边形工具""直线工具"及"自定形状工具"6 种形状工具在图像中绘制图形时,就会在图层面板中自动产生一个形状图层。

形状图层和填充图层很相似。在图层面板中均有一个图层预览缩略图、矢量蒙版缩略图和一个链接符号。其中矢量蒙版表示在路径以外的部分显示为透明,在路径以内的部分显示为图层预览缩览图中的颜色。

3. 图层的操作

一般而言,一个好的平面作品需要经过许多操作步骤才能完成,特别是图层的相关操作尤其重要。这是因为一个综合性的设计往往是由多个图层组成,并且用户需要对这些图层进行多次编辑（比如调整图层的叠放次序、图层的链接与合并等）后,才能得到好的效果。

（1）创建和使用图层组

Photoshop CS5 允许在一幅图像中创建将近 8000 个图层,实际上在一个图像中创建了数十个或上百个图层之后,对图层的管理就变得很困难了。此时可以利用"图层组"来进行图层管理,图层组就好比 Windows 中的文件夹一样,可以将多个图层放在一个图层组中。

创建和使用图层组的具体操作步骤如下:

① 打开一幅图片。

② 执行菜单中的【图层】/【新建】/【组】命令,弹出如图 2-24 所示的【新建组】对话框。

图 2-24　【新建组】对话框

·名称:设置图层组的名称。如果不设置,将以默认的名称"组 1""组 2"进行命名。

·颜色:此处用于设置图层组的颜色,与图层颜色相同,只用于表示该图层组,不影响组中的图像。

·模式:设置当前图层组内所有图层与该图层组下方图层的图层混合模式。

③ 单击"确定"按钮,即可新建一个图层组。

④ 如果要删除图层组,可以右键单击图层组,从弹出的快捷菜单中选择"删除组"命令,弹出如图 2-25 所示的对话框。

图 2-25　【删除组】提示对话框

·组和内容:单击该按钮,可以将该图层组和图层组中的所有图层删除。

·仅(限)组:单击该按钮,可以删除图层组,但保留图层组中的图层。

(2)移动、复制和删除图层

一个图层实际上就是整个图像中的一部分,在实际操作中经常需要移动、复制和删除图层。

① 移动图层

移动图层的具体操作步骤如下:

a. 选择需要移动的图层中的图像。

b. 利用工具箱上的移动工具将其移动到适当位置。

提示:在移动工具箱选项栏中选中"自动选择层"复选框,可直接选中层的图像。在移动时按住键盘上的 Shift 键,可以使图层中的图像按 45°的倍数方向移动。

② 复制图层

复制图层的具体操作步骤如下:

a. 选择要复制的图层。

b. 执行菜单中的【图层】/【复制图层】命令,弹出如图 2-26 所示的对话框。

图 2-26 【复制图层】对话框

·为:用于设置复制后图层的名称。

·目标:为复制后的图层指定一个目标文件。在"文档"下拉列表框中会列出当前已打开的所有图像文件,从中可以选择一个文件以便放置复制后的图层。如果选择"新建"选项,表示复制图层到一个新建的图像文件中。此时"名称"框将被置亮,可以为新建图像指定一个文件名称。

c. 单击"确定"按钮,即可复制出一个图层。

提示:将要复制的图层拖到图层面板下方的创建新图层按钮上,可以直接复制一个图层,而不会出现对话框。

③ 删除图层

删除图层的具体操作步骤如下:

a. 选中要删除的图层。

b. 将其拖到图层面板下方的删除图层按钮上(或者单击右键,选择"删除图层")即可。

(3)调整图层的叠放次序

图像一般由多个图层组成,而图层的叠放次序直接影响到图像的显示效果,上方的图层总是会遮盖其底层的图像。因此,在编辑图像时,可以调整图层之间的叠放次序,来实现最终的效果。具体操作步骤如下:

① 将光标移动到图层面板需要调整次序的图层上。

② 按下鼠标将图层拖动到适当的位置上即可。

（4）图层的锁定

Photoshop CS5 提供了锁定图层的功能，它包括锁定透明像素、锁定图像像素、锁定位置和全部锁定 4 种锁定类型。

- ·□锁定透明像素：单击该按钮，可以锁定图层中的透明部分，此时只能对有像素的部分进行编辑。
- ·◢锁定图像像素：单击该按钮，此时无论透明部分还是图像部分，都不允许在进行编辑。
- ·✛锁定位置：单击该按钮，此时当前图层将不能进行移动操作。
- ·🔒全部锁定：单击该按钮，将完全锁定该图层。任何绘图操作、编辑操作（包括"删除图层""图层混合模式""不透明度"等功能）均不能在这个图层上使用，只能在图层面板中调整该图层的叠放次序。

（5）图层的链接与合并

在实际操作中经常要用到图层的链接与合并的功能。

① 图层的链接

图层的链接功能可以方便移动多个图层图像，同时对多个图层中的图像进行旋转、翻转和自由变形，以及对不相邻的图层进行合并。

图层链接的具体操作步骤如下：

a. 同时选中要链接的多个图层。

b. 单击图层面板下方的🔗（链接图层按钮）即可。此时被链接的图层右侧会出现一个🔗标记。如果要解除链接，可以选择要解除链接的图层，再次单击图层面板下方的🔗（链接图层按钮）即可。

② 图层的合并

在制作图像的过程中，如果对几个图层的相对位置和显示关系已经确定下来，不再需要进行修改时，可以将这几个图层合并。这样不但可以节约空间，提高程序的运行速度，还可以整体修改这几个合并后的图层。

Photoshop CS5 提供了"向下合并""合并可见图层"和"拼合图层"3 种图层合并的命令。单击图层面板右上角的小三角，从弹出的快捷菜单中可以看到这 3 个命令，如图 2-27 所示。

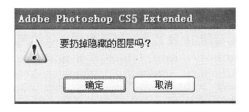

图 2-27　合并图层相关命令　　图 2-28　含有隐藏图层的情况下合并图层出现的对话框

- 向下合并:将当前图层与其下一图层图像合并,其他图层保持不变。合并图层时,需要将当前图层下的图层设为可视状态。
- 合并可见图层:将图像中的所有显示的图层合并,而隐藏的图层则保持不变。
- 拼合图层:将图像中所有图层合并,在合并过程中如果存在隐藏的图层,会出现如图 2-28 所示的对话框,单击"确定"按钮,将删除隐藏图层。

(6)对齐和分布图层

Photoshop CS5 提供了对齐和分布图层的相关命令。

① 对齐图层

对齐图层命令可将各图层沿直线对齐,使用时必须有两个以上的图层,对齐图层的具体操作步骤如下:

同时选中需要设置的图层,然后执行菜单中的【图层】/【对齐】命令,在其子菜单中会显示所有对齐命令,如图 2-29 所示。

图 2-29 "对齐"子菜单

- 顶边:使选中的图层与最顶端的图形对齐。
- 垂直居中:使选中图层垂直方向居中对齐。
- 底边:使选中图层与最底端的图形对齐。
- 左边:使选中图层与最左端的图形对齐。
- 水平居中:使选中的图层水平方向居中对齐。
- 右边:使选中图层与最右端图形对齐。

② 分布图层

同时选中需要设置的图层,然后执行菜单中的【图层】/【分布】命令,在其子菜单中会显示所有分布命令,如图 2-30 所示。

图 2-30 "分布"子菜单

- 顶边:使选中图层顶端间距相同。
- 垂直居中:使选中图层垂直中心线间距相同。
- 底边:使选中图层最底端间距相同。
- 左边:使选中图层最左端的间距相同。
- 水平居中:使选中图层与水平中心线间距相同。
- 右边:使选中图层最右端的间距相同。

2.3　彩球的制作

步骤：

1. 新建一个 800×600，分辨率为 72ppi，颜色模式为 RGB，16 位，背景色为白色的文件，如图 2-31 所示。

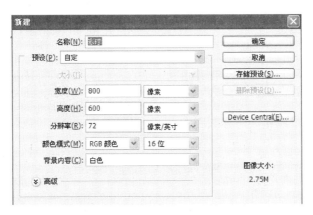

图 2-31　新建文件对话框

2. 在图层面板中新建一个图层，命名为红球。选择椭圆选框工具，按住 Shift 键，画一个正圆选区。然后用红色填充。在图层面板中选择图层样式中的投影效果，按照默认值设定，单击确定，做出阴影效果，如图 2-32 所示。

3. 新建一个图层，命名为白色。选择椭圆选框工具，在常用工具栏里面设置羽化值为 20px，按住 Shift 键，画一个小一点的正圆。然后用白色填充，移动此图层上的内容到合适的位置，如图 2-33 所示。

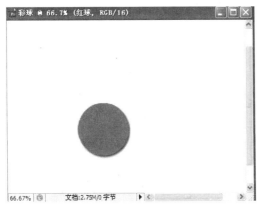

图 2-32　红球

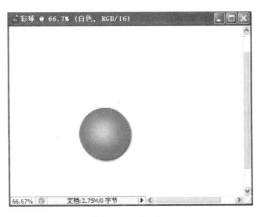

图 2-33　加白球后

4. 把红球图层复制，命名为蓝球，按下 Ctrl 键，然后用鼠标单击蓝球这个图层，这时会出现一个圆形选区，用蓝色填充，如图 2-34 所示。

5. 复制白色图层，把白色图层的内容移到蓝球相应的位置上。这样又一个彩球就制作好了，如图 2-35 所示。

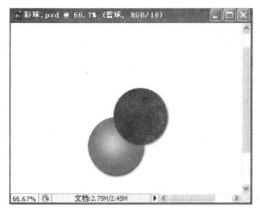
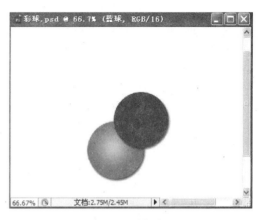

图 2-34　蓝球　　　　　　　　　　图 2-35　蓝球加白球后

6. 把其他的彩球按照相同的方法制作。

7. 选择横排文字工具 T，输入文字：彩球，如图 2-36 所示。

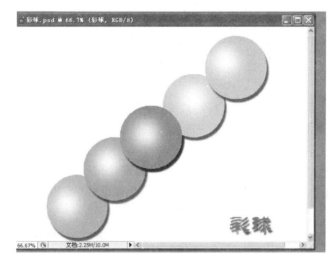

图 2-36　最终效果图

2.4　立方体的制作

制作步骤：

1. 新建一个 800×600，分辨率为 72ppi，颜色模式为 RGB，16 位，背景色为白色的文件。

2. 在图层面板中新建一个图层，命名为"面 1"。执行"视图""显示""网格"命令，显示网格。选择矩形选框工具，根据网格画一个正方形选区，然后用红色填充，如图 2-37 所示。

3. 在图层面板中新建一个图层，命名为"面 2"。选择矩形选框工具，根据网格画一个矩形选区，注意与红色的面上边对齐，然后用蓝色填充，按 Ctrl + D 组合键取消选区。在图层"面 2"中，执行"编辑""扭曲"命令。将光标移到水平控点上，按下鼠标左键拉动使其倾斜。然后选择移动工具，使面 1 和面 2 自然结合，如图 2-38 所示。

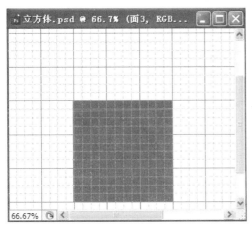
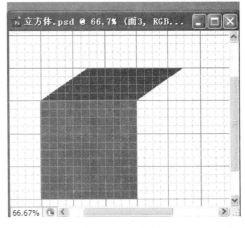

图 2-37　红面　　　　　　　　　　　　　　　图 2-38　两面结合

4. 在图层面板中新建一个图层,命名为"面 3"。选择矩形选框工具,根据网格画一个矩形选区,注意与右边界和蓝色的边对齐,然后用黄色填充,按 Ctrl + D 组合键取消选区。在图层"面 3"中,执行"编辑""变换""扭曲"命令。将光标移到垂直控点上,按下鼠标左键拉动使其倾斜,然后选择移动工具,使面 3 和面 2 自然结合,如图 2-39 所示。

5. 执行"视图""显示""网格"命令,取消网格显示,最终效果如图 2-40 所示。

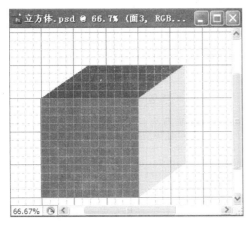
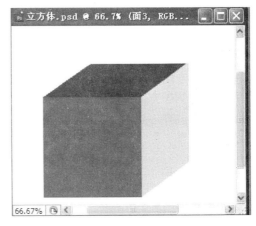

图 2-39　三面结合　　　　　　　　　　　　　图 2-40　最终效果

27

项目3 软皮抄封面设计

3.1 情境描述

易得办公用品有限公司是一家专业生产办公用品的公司,经过多年的经营打拼,易得的市场影响力逐步扩大,为了推广扩展业务,"易得"准备推出面向青少年消费群体的办公用品,公司市场部张经理委托蓝风广告公司来设计办公用品,蓝风广告公司李经理将软皮抄的封面设计交给大学刚毕业的王杰来设计。

3.2 问题分析

1. 软皮抄规格是多少?

软皮抄常用的规格是32开,也就是210mm×148mm。另外还需要设计3mm的出血,因此新建文件的规格为:216mm×154mm。

2. 软皮抄应该设计怎样的风格?

青少年受到各方面的影响、压力很大,每天除了学习以外还要参加各种辅导班,因此在设计的时候可以选择一副卡通的画面,背景以蓝天、白云和草地为主,给人以开阔美好的心情。

3.3 所用素材

所用素材如图3-1所示。

图3-1 所用素材

3.4 作品效果图

封面效果图如图 3-2 所示。

图 3-2 软皮抄封面效果图

3.5 任务设计

本次案例主要是完成一个软皮抄封面的设计,可分为四部分来完成:

一、封面背景的设计。

二、封面图案及插图的设计与安排。

三、文字的录入与编排。

四、设计稿的完善及检查存储。

3.5.1 封面背景的设计

1. 执行"文件"→"新建"命令,或按组合键 Ctrl + N,在弹出的新建文件对话框中作如下设置,名称为"软皮抄",宽度为 154mm,高度为 216mm,分辨率为 300ppi,颜色模式为 RGB,位数为 8 位,如图 3-3 所示。

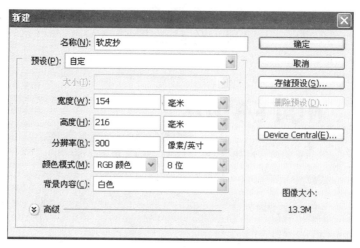

图 3-3　新建文件对话框

2. 设置前景色并填充。在工具栏中单击设置前景色按钮,在拾色器对话框中分别设置 R、G、B 文本框的值为:102、204、252,按 Alt + Delete 组合键在背景层上填充前景色,双击背景层将其转换为普通图层并命名为"背景层"。

3. 在工具栏中选择减淡工具 ,在属性栏中选择柔边画笔并设置画笔大小为"1000 像素",设置范围为"中间调",曝光度为"100%",用鼠标在中间位置来回拖动大约 3 次直到达到效果为止。设置完成后如图 3-4 所示。

3.5.2　封面图案及插图的设计与安排

1. 单击图层面板下方的新建图层按钮,新建一个图层并重命名为"草地 1"。

2. 选择椭圆选区工具 ,拖动鼠标绘制一个椭圆选区,然后按下 Shift 键,再绘制一个选区实现两个选区的叠加。当按下 Shift 键可以实现两个选区的叠加,也可以选择属性栏中添加到选区按钮 ,可实现同样的效果。选区叠加的效果如图 3-5 所示。

图 3-4　背景设置完成后

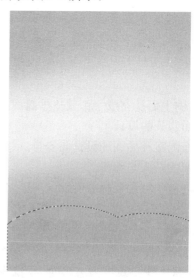

图 3-5　选区的叠加

3. 单击图层"草地 1"选择该图层,设置前景色为草绿色,具体 R、G、B 值为:74、185、35,按 Alt + Delete 填充前景色,按 Ctrl + D 或执行"选择"→"取消选择"取消选区,效果如图 3-6 所示。

4. 选择加深工具 ,在属性栏中选择柔边画笔并设置画笔大小为"500 像素",范围为"中间调",曝光度为"50%",在草地 1 的上边缘处来回涂抹直到达到效果为止。效果如图 3-7 所示。

图 3-6 草地 1   图 3-7 草地 1 边缘加深后的效果

5. 选择椭圆选区工具,用同样的方法绘制一个形状不同的草地,并命名图层为"草地 2", 如图 3-8 所示。

6. 新建图层并重命名为"树冠",选择椭圆选区工具,绘制一个椭圆,如图 3-9 所示。

图 3-8 草地 2 效果图   图 3-9 树冠的选区

7. 选择渐变工具█，在属性栏中单击渐变设置按钮█████，这时会弹出"渐变编辑器"对话框，分别设置两个色标的颜色值，第一个 R、G、B 为 43、92、25，第二个色标 R、G、B 为 100、189、20，如图 3-10 所示。

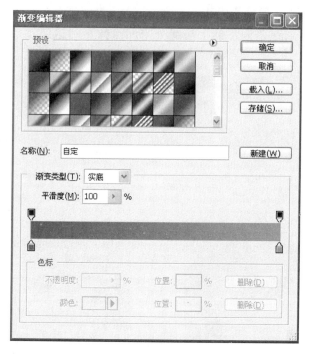

图 3-10　渐变编辑器对话框

8. 在属性栏中选择径向渐变█，单击"树冠"图层，在选区内用鼠标从中间往边缘拖动，填充渐变，按 Ctrl + D 取消选区。效果如图 3-11 所示。

9. 选择"树冠"图层，按 Ctrl + T 进行自由变换，在图形上用鼠标右击，选择"变形"，拖动控点进行变形，按 Enter 键结束变形，如图 3-12 所示。

图 3-11　树冠填充渐变后效果图　　　　图 3-12　树冠变形后

10. 在工具栏中选择钢笔工具 $\cancel{\phi}$，作如图 3-13 所示的树干路径。

11. 按 Ctrl + Enter 组合键，将路径转换为选区（也可选择路径面板，单击路径面板下方的将路径转换为选区按钮 ⊙），新建图层并命名为"树干"，设置前景色 R、G、B 为 98、59、4，按 Alt + Delete 组合键填充前景色。效果如图 3-14 所示。

图 3-13 树干路径   图 3-14 树干效果图

12. 单击图层"树干"选择图层，按下 Shift 键的同时再用鼠标单击"树冠"可同时选中"树干"和"树冠"两个图层，按 Ctrl + T 组合键对其进行自由变换，将树调整至合适的大小，注意：在调整的时候如果同时按下 Shift 键，可使图形保持原来的比例，效果如图 3-15 所示。

图 3-15 变换树大小后的效果图

13. 选择椭圆选区工具,通过选区的叠加绘制白云,选区变化如图 3-16 所示。

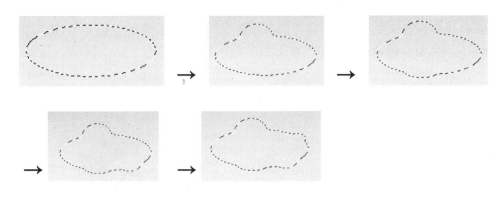

图 3-16　用椭圆选区制作白云

14. 新建图层并命名为"白云 1",把前景色设置为白色,按 Alt + Delete 组合键填充前景色,选择加深工具,在工具属性栏上范围为"高光",在画面所需暗调处来回拖动鼠标数次后进行涂抹,制作立体感强的白云。效果如图 3-17 所示。

15. 用同样的方法制作"白云 2",效果如图 3-18 所示。

图 3-17　白云 1 效果图

图 3-18　白云 2 效果

16. 新建一个图层并重命名为"太阳",选择画笔工具 ✐,在属性栏中选择柔边画笔,设置画笔的主直径为"700 像素",硬度为"30％",不透明度为"100％",设置前景色:R、G、B 为 237、198、63,选择合适的位置用鼠标单击则可看到发光的太阳,调整太阳到合适的位置,如图 3-19 所示。

17. 打开素材"小屁孩",把"小屁孩"复制到当前文件中,按 Ctrl + T 自由变换,调整控点到合适的大小,按 Enter 键结束自由变换,将"小屁孩"移动到合适的位置。效果如图 3-20 所示。

图 3-19　太阳光照效果

图 3-20　加入小屁孩后的效果

18. 新建一个图层并重命名为"白色背景",选择矩形选区工具⬚,在画面中拖出一个矩形选区,如图 3-21 所示。

19. 把前景色设置为白色,按 Alt + Delete 组合键,填充前景色白色,再按 Ctrl + D 取消选区,如图 3-22 所示。

图 3-21　矩形选区

图 3-22　加白色背景后效果

3.5.3　文字的录入与编排

1. 选择工具栏中的文字工具 T,在画面中选择某一位置单击,这时候鼠标会变成一个闪烁的光标,同时可看到在图层面板中自动添加一个文字图层,输入"NOTEBOOK",选中文字"NOTEBOOK",单击按钮▤,对字体进行详细设置,设置字体颜色 R、G、B 为 40、127、10,大小为"36 点",字体间距为"140",单击属性栏上的确认按钮✓完成文字的编辑。效果如图 3-23 所示。

2. 选择文字工具,输入"光阴的故事",设置字体为"华文彩云",颜色 R、G、B 为 57、174、16,字符间距为"280",效果如图 3-24 所示。

图 3-23 输入文字"NOTEBOOK" 　　　　图 3-24 输入文字"光阴的故事"

3. 分两行输入文字"流水它带走光阴的故事改变了我们　就在那多愁善感而初次回忆的青春",字体为"华文仿宋",大小"11 点",颜色 R、G、B 为 19、60、5,其余根据具体情况设置。选择矩形选区工具,拖出一个矩形框,大小以刚好盖住文字为宜,设置前景色 R、G、B 为 138、220、66,新建图层并重命名为"文字背景",按 Alt + Delete 键填充前景色,按住 Alt + Shift 键的同时拖动可复制一个图层,将其放在另一行文字的下面,最后调整图层顺序,使文字图层处于"文字背景"层的上面,效果如图 3-25 所示。

图 3-25 添加文字后的效果

3.5.4　设计稿的完善及检查存储

1. 新建图层并重命名为"黄块",选择矩形选区工具,拖出一个矩形,设置前景色 R、G、B 为 237、218、59,按 Alt + Delete 组合键填充前景色。效果如图 3-26 所示。

2. 因为作品印刷后还要裁边,因此要用参考线设置好"出血"并对图案进行适当调整。按 Ctrl + R 显示标尺(也可执行"视图"→"标尺"命令),选择工具栏中的"移动"工具,从标尺内拖出 参考线,距离边界各为 3mm。适当调整作品中图案的位置使其在安全框内。效果如图 3-27 所示。

图 3-26　加入黄块后的效果图

图 3-27　加入参考线并调整后的效果图

注:参考线的颜色可以修改,方法为:执行"编辑"→"首选项"→"参考线、网格和切片"命令。隐藏参考线可以按 Ctrl + ;组合键,清除参考线可执行"视图"→"清除参考线"命令。参考线在整个平面设计中起到了很重要的作用,因此要好好掌握。最终效果图如图 3-28 所示。

如做成 3D 效果,则如图 3-29 所示。

图 3-28　最终效果图

图 3-29　3D 效果图

项目 4　锐估理财 LOGO 及封套设计

4.1　情境描述

锐估理财是一家专业的理财公司,公司理财品种多、收益高,近年来取得了不错的市场效益,近期因理财产品需要更换,因此需要重新设计公司 LOGO 及彩页封套,蓝风广告作为多年的合作伙伴,本次将继续承担锐估公司相关理财产品的宣传设计,经过上次软皮抄封面的设计,李经理对王杰充满了信心,决定将此次任务交给王杰设计。

4.2　问题分析

设计宣传彩页封套应注意的问题:
1. 色彩宜选择金色或彩金色。
2. 风格要稳重,颜色数不要太多。

4.3　所用素材

所用素材如图 4-1 所示。

图 4-1　所用素材

4.4　作品效果图

作品效果图如图 4-2 所示。

图 4-2　LOGO、封皮及内封面效果图

4.5　任务设计

本次案例主要完成彩页封套的设计,可分为两部分来完成:

一、LOGO 的设计。

二、彩页封套的设计。

4.5.1　LOGO 的设计

1. 执行"文件"→"新建"命令,或按组合键 Ctrl + N,在弹出的新建文件对话框中作如下设置,名称为"logo",宽度为 1024 像素,高度为 1024 像素,分辨率为 300ppi,颜色模式为 RGB,位数为 8 位,如图 4-3 所示。

2. 执行"视图"→"新建参考线"命令,在弹出的新建参考线对话框中作如图 4-4 所示的设置,用同样的方法再建一条垂直的参考线。

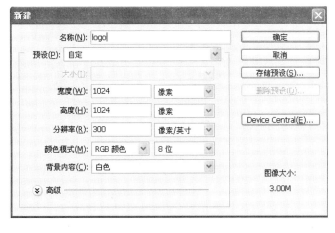

图 4-3　新建文件对话框

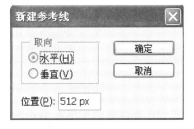

图 4-4　新建参考线

39

3. 选择椭圆选区工具 ◯，按住 Alt + Shift 组合键（按下 Alt 键可在绘制圆形选区的时候以一个点为圆心绘制，按下 Shift 键可以绘制正圆）的同时绘制如图 4-5 所示的圆形选区。

4. 设置前景色颜色值为"#cb9835"，在图层面板中单击新建图层按钮 ◪，新建一个图层并重命名为"G 标志"，按 Alt + Delete 组合键填充前景色，效果如图 4-6 所示。

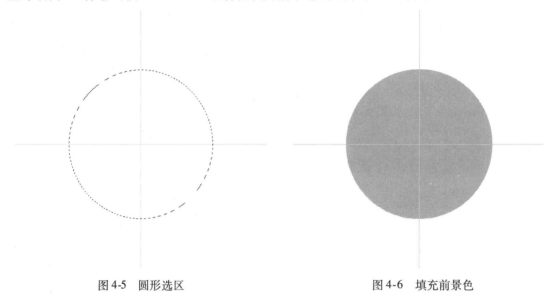

图 4-5　圆形选区　　　　　　　　　　　　　图 4-6　填充前景色

5. 在选区内单击鼠标右键，在弹出的菜单中选择"变换选区"，按下 Alt + Shift 键的同时拖动定界框的对角线控点进行变换，效果如图 4-7 所示。

6. 双击鼠标左键完成变换，按 Delete 键删除选区中的内容，按 Ctrl + D 组合键取消选区，如图 4-8 所示。

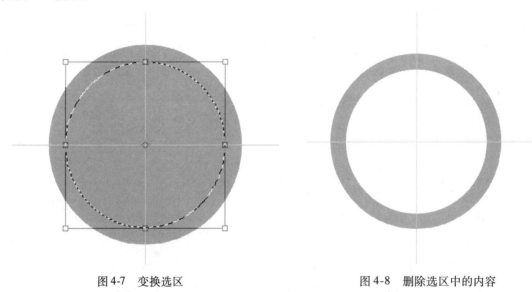

图 4-7　变换选区　　　　　　　　　　　　　图 4-8　删除选区中的内容

7. 选择矩形选区工具 ▢，绘制如图 4-9 所示的矩形选区。

8. 在图层面板中单击新建图层按钮 ◪，新建一个图层并重命名为"方块"，按 Alt + Delete 组合键填充前景色，按 Ctrl + D 组合键取消选区，效果如图 4-10 所示。

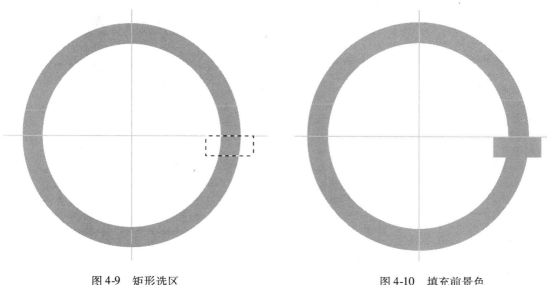

图 4-9　矩形选区　　　　　　　　　　　　图 4-10　填充前景色

9. 选择矩形选区工具🔲,绘制如图 4-11 所示的矩形选区。

10. 切换到图层"G 标志",按 Delete 键删除矩形选区中的内容,按 Ctrl + D 组合键取消选区,如图 4-12 所示。

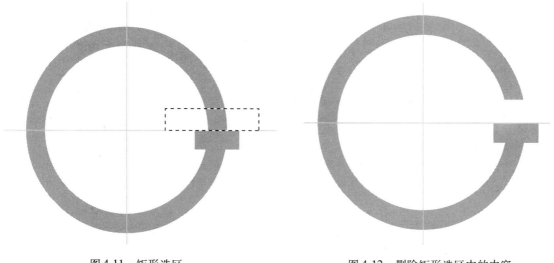

图 4-11　矩形选区　　　　　　　　　　　　图 4-12　删除矩形选区中的内容

11. 单击图层面板下方的"添加图层样式"按钮,在列表中选择"斜面与浮雕",在弹出的图层样式对话框中,将大小设置为"14",如图 4-13 所示。

12. 选择图层"方块",用上述方法进行设置,如图 4-14 所示。

13. 选择矩形选区工具🔲,绘制如图 4-15 所示的矩形选区。

14. 在图层面板中单击新建图层按钮🔳,新建一个图层并重命名为"正方形块",按 Alt + Delete 组合键填充前景色,按 Ctrl + D 组合键取消选区,效果如图 4-16 所示。

15. 按 Ctrl + T 组合键,对正方形进行自由变换,单击鼠标右键,在弹出的菜单中选择旋转,拖动控点使图形旋转 45°,如图 4-17 所示。

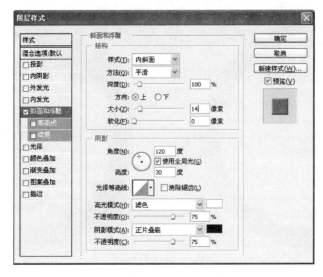

图 4-13　图层样式对话框

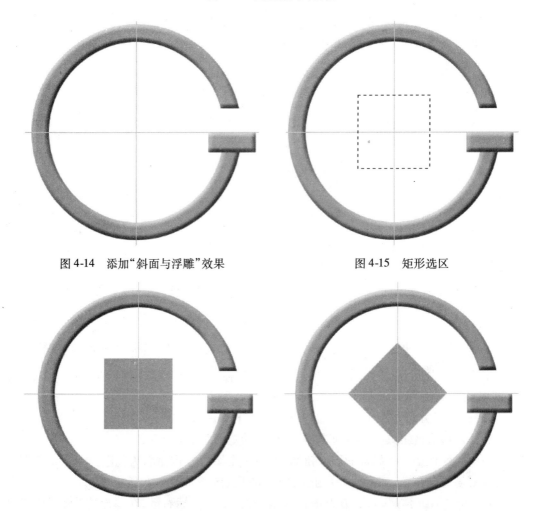

图 4-14　添加"斜面与浮雕"效果　　　图 4-15　矩形选区

图 4-16　正方形填充　　　　　　　图 4-17　正方形旋转

16. 单击图层面板下方的"添加图层样式"按钮,在列表中选择"斜面与浮雕",在弹出的图层样式对话框中,将大小设置为"30",如图 4-18 所示。

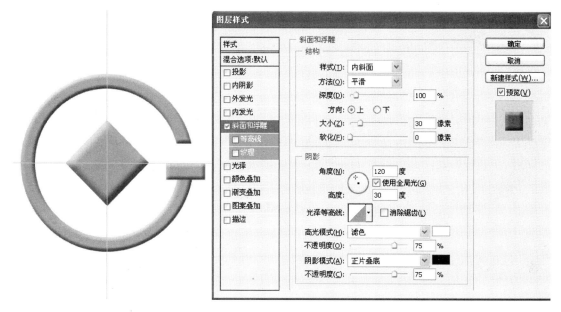

图 4-18　斜面与浮雕效果

17. 在工具栏中选择钢笔工具 ✎,绘制如图 4-19 所示的路径。

18. 按 Ctrl + Enter 组合键将路径转换为选区,在图层面板中单击新建图层按钮 ◻,新建一个图层并重命名为"R 标志",将前景色设置为"#f8c768",按 Alt + Delete 组合键填充前景色,按 Ctrl + D 组合键取消选区,效果如图 4-20 所示。

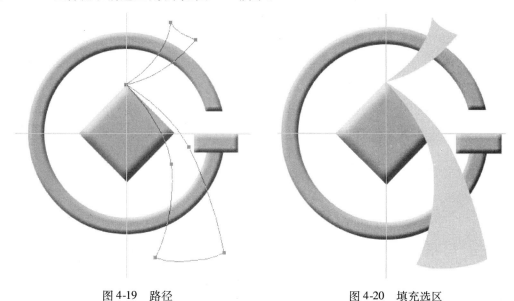

图 4-19　路径　　　　　　　　　　　图 4-20　填充选区

19. 单击图层面板下方的"添加图层样式"按钮,在列表中选择"投影",在弹出的图层样式对话框中设置距离为 14,如图 4-21 所示。

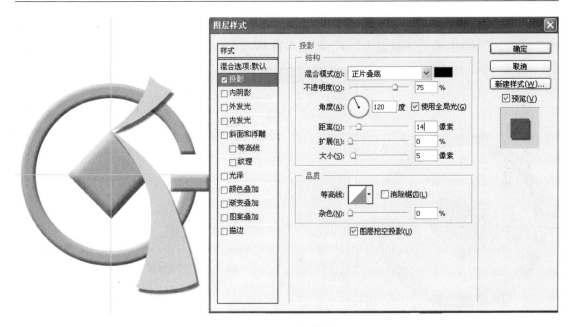

图 4-21　添加投影

20. 选择椭圆选区工具 ◯ ,在属性栏中设置羽化值为 10px,绘制如图 4-22 所示的椭圆选区。

21. 新建一个图层并重命名为"白光",将背景色设置为"白色",按 Ctrl + Delete 组合键填充白色,按 Ctrl + D 组合键取消选区,按 Ctrl + T 组合键进行变换并调整图层不透明度为"50%",效果如图 4-23 所示。

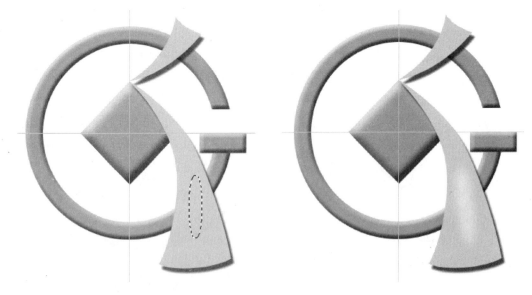

图 4-22　椭圆选区　　　　　　　　　　　　　　图 4-23　调整白光

22. 选择移动工具 ,按下 Alt 键的同时用鼠标拖动复制"白光",按 Ctrl + T 组合键进行自由变化并进行调整,效果如图 4-24 所示。

23. 选择文字工具 T，输入文字"锐估理财"，字体为"微软雅黑"，大小为"9 点"，颜色值为"#825807"，单击图层面板下方的新建图层样式按钮 *fx*，在弹出的列表中选择"斜面与浮雕"，在弹出的对话框中保持参数不变，效果如图 4-25 所示。

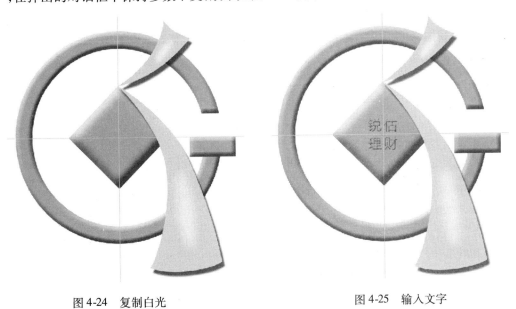

图 4-24　复制白光　　　　　　　　　　　　　　图 4-25　输入文字

24. 最后输入 LOGO 文字介绍，最终效果如图 4-26 所示。

整个图像以金黄色为主，图案整体像一枚古币，
logo的设计立体感强，简洁明了，
古铜币的外廓又像字母
　"G"，是"估"字拼音的
　　第一个字母

两个黄色的带子有两个
含义：一是它像字母"R"
是"锐"字拼音的第一个
字母，二是代表了客户
的利益；入口小、出口大，
说明锐估理财可以给客户
带来更大的收益。

图 4-26　LOGO 最终效果图

4.5.2 彩页封套的设计

1. 按组合键 Ctrl + N,在弹出的新建文件对话框中作如下设置,名称为"封皮",宽度为 446mm,高度为 383mm,分辨率为 300ppi,颜色模式为 RGB,位数为 8 位。如图 4-27 所示。

2. 执行"视图"→"新建参考线"命令,设置新建参考线,如图 4-28 所示。

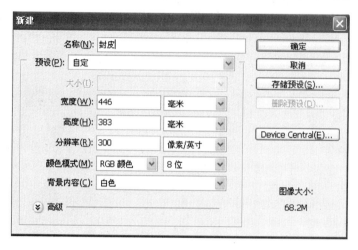

图 4-27　新建文件

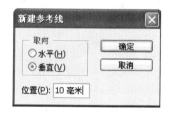

图 4-28　新建参考线对话框

3. 用上述方法在 228mm、444mm 处新建垂直参考线,在 2mm、300mm、381mm 处新建水平参考线,如图 4-29 所示。

图 4-29　新建参考线

4. 在工具栏中选择矩形选区工具，绘制如图 4-30 所示的选区。

图 4-30　绘制矩形选区

5. 新建一个图层并重命名为"渐变",选择渐变工具 ,在属性栏中单击渐变设置按钮 ,在弹出的渐变对话框中作如图 4-31 所示的设置,两个色标的颜色值分别为 "#d2a337"、"#986d2f"。

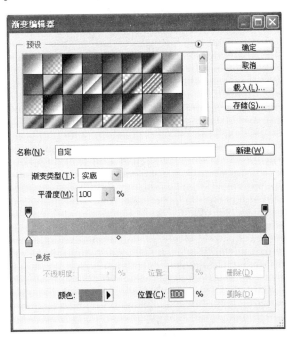

图 4-31　渐变设置

6. 在属性栏中选择径向渐变 ,按下鼠标左键从中上部往下部拖动鼠标填充渐变,按 Ctrl + D 组合键取消选区,如图 4-32 所示。

图 4-32　填充渐变

7. 执行"滤镜"→"杂色"→"添加杂色"命令，设置及效果如图 4-33 所示。

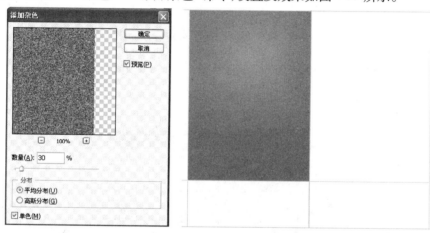

图 4-33　添加杂色

8. 在工具栏中选择矩形选区工具 [ ]，绘制如图 4-34 所示的选区。

图 4-34　矩形选区

9. 新建一个图层并重命名为"底部",设置前景色颜色值为"#c09f54",按 Ctrl + Delete 组合键填充前景色,按 Ctrl + D 组合键取消选区,如图 4-35 所示。

10. 选择文本工具 T,输入文字"联系电话:0538 - 8602000 8603000 邮箱:RUIGULICAI@ 163. COM 地址:＊＊＊＊＊＊＊＊＊＊＊＊＊＊＊＊＊＊＊＊＊ Tel:0538 - 8602000 8603000 E - mail: RUIGULICAI@ 163. COM Add:＊＊＊＊＊＊＊＊＊＊＊＊＊＊＊＊＊＊＊＊＊",字体为"宋体",大小为 "12 点",颜色为"白色",效果如图 4-36 所示。

图 4-35　填充前景色

图 4-36　输入文字

11. 打开"LOGO 素材. png",调整至合适的大小和位置并输入文字"锐估理财 RUI GU LI CAI",效果如图 4-37 所示。

图 4-37　加入 LOGO 素材

12. 输入文字"山东锐估投资担保有限公司 联系电话：0538 – 8602000 0538 – 8603000 地址：＊＊＊＊＊＊＊＊＊＊＊＊＊＊＊＊＊＊＊＊＊"，按 Ctrl + T 组合键，右键单击选择"旋转180°"，效果如图 4-38 所示。

图 4-38　输入文字

13. 加入 LOGO 并输入文字，效果如图 4-39 所示。

14. 选择钢笔工具 ，作如图 4-40 所示的路径。

图 4-39　加入 LOGO 并输入文字　　　　　　　　　　图 4-40　路径

15. 在图层面板中单击新建图层组按钮 ，并重命名图层为"线条"，选择"线条"图层组，单击新建图层按钮，在图层组内新建一个图层，选择路径中的一条线，选择画笔工具 ，设置前景色为"#edb842"，切换到路径面板，单击用画笔描边路径按钮 ，用同样的方法描边其他路径，注意调整画笔的大小和前景色的值，效果如图 4-41 所示。

16. 选择文字工具，输入文字"山东锐估投资担保有限公司"，字体为"宋体"，颜色为"黑色"，大小为"19 点"，最终效果如图 4-42 所示。

图 4-41　描边

图 4-42　封皮最终效果图

17. 按组合键 Ctrl + N,在弹出的新建文件对话框中作如下设置,名称为"内封面",宽度为 420mm,高度为 297mm,分辨率为 300ppi,颜色模式为 RGB,位数为 8 位,如图 4-43 所示。

18. 执行"视图"→"新建参考线"命令,在弹出的对话框中作如图 4-44 所示的设置。

19. 用上述方法在 210mm、418mm 处新建垂直参考线,在 2mm、295mm 处新建水平参考线,如图 4-45 所示。

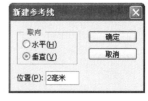

图 4-43　新建文件　　　　　　　图 4-44　设置新建参考线

图 4-45　新建参考线

20. 选择矩形选区工具 ，作如图 4-46 所示的选区。

图 4-46　矩形选区

21. 选择渐变工具 ，单击属性栏上的渐变设置按钮，在弹出的渐变编辑器对话框中作如图 4-47 所示的设置，三个色标的颜色值分别为"#dba620""#f1dd0b""#dba620"。

22. 按下 Shift 键的同时从左到右拖动鼠标填充渐变，效果如图 4-48 所示。

23. 选择圆角矩形工具 ，在属性栏中设置圆角半径为 20px，修改前景色为"#93740f"，绘制如图 4-49 所示的圆角矩形。

图 4-47　渐变设置

图 4-48　填充渐变

图 4-49　圆角矩形

24. 选择文本工具 **T**，输入文字"锐估介绍"，字体为"黑体"，颜色为"白色"，大小为"18点"，如图 4-50 所示。

图 4-50 输入文字

25. 选择文本工具，拖动出一个矩形框，打开"文字"素材，选择需要的文字复制、粘贴到矩形框中（这样可以使文字复制到矩形框中不会超出矩形框的范围），效果如图 4-51 所示。

图 4-51 粘贴文字

26. 打开素材"办公室"，如图 4-52 所示。

图 4-52 素材"办公室"

27. 选取其中一部分复制到内封面中,并按 Ctrl + T 组合键调整大小和位置,效果如图 4-53 所示。

图 4-53　加入素材"办公室"后的效果

28. 把前景色设置为"#f9e291",选择自定义形状工具 ✎,在属性栏中选择"边框 2"(◯),绘制如图 4-54 所示的边框。

图 4-54　绘制边框 2

29. 选择自定义形状工具 ✎,在属性栏中选择"箭头 13"(➡),绘制箭头,然后选择直接选择工具 ▶,调整箭头形状,如图 4-55 所示。

锐估介绍

锐估集团专注于金融服务领域，产业布局包括投融资、制造业、传媒、担保、典当、评估、资产管理等。核心业务为项目投融资、私募股权（PE）、资产重组、第三方理财、个人债权转让（P2P）、金融服务等。

至2012年，锐估集团所管理的资金规模已超30亿人民币，是我国金融服务行业的先驱和导师。

目前，集团公司下设财富中心、产品研发、投资运营、风险控制、财务管理等部门。

图 4-55　绘制箭头

30. 按下 Ctrl 键的同时，用鼠标左键单击形状 3 图层载入箭头选区，选择渐变工具填充渐变，两个色标的值为"#dba620""#f1dd0b"，新建一个图层并重命名为"箭头"，按 Ctrl + D 组合键取消选区，效果如图 4-56 所示。

锐估介绍

锐估集团专注于金融服务领域，产业布局包括投融资、制造业、传媒、担保、典当、评估、资产管理等。核心业务为项目投融资、私募股权（PE）、资产重组、第三方理财、个人债权转让（P2P）、金融服务等。

至2012年，锐估集团所管理的资金规模已超30亿人民币，是我国金融服务行业的先驱和导师。

目前，集团公司下设财富中心、产品研发、投资运营、风险控制、财务管理等部门。

图 4-56　箭头填充渐变

31. 将图层"形状 3"删除,将边框 2 和箭头复制,并调整位置,如图 4-57 所示。

图 4-57 复制边框 2 和箭头

32. 新建一个图层并重命名为"平台",选择矩形选区工具，绘制如图 4-58 所示的矩形选区,并填充前景色,颜色值为"#dece39",选择文本工具,并输入文字"锐估 P2P 信用平台",字体为"宋体",大小为"12 点",如图 4-58 所示。

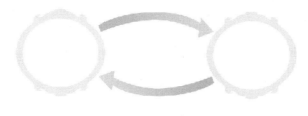

图 4-58 输入"锐估 P2P 信用平台"

33. 分别置入文件"出借人"和"借款人",并输入相应文字,如图 4-59 所示。

图 4-59 置入文件和输入文字

34. 在圆角矩形上右键单击,选择"形状 1",按下 Alt + Shift 组合键的同时,用鼠标左键拖动复制一个新的圆角矩形,按 Ctrl + T 组合键进行变换并调整至合适的位置,然后输入文字"付玉兵 高级理财师 高级经济师",效果如图 4-60 所示。

锐估介绍

　　锐估集团专注于金融服务领域,产业布局包括投融资、制造业、传媒、担保、典当、评估、资产管理等。核心业务为项目投融资、私募股权(PE)、资产重组、第三方理财、个人债权转让(P2P)、金融服务等。

　　至2012年,锐估集团所管理的资金规模已超30亿人民币,是我国金融服务行业的先驱和导师。

　　目前,集团公司下设财富中心、产品研发、投资运营、风险控制、财务管理等部门。

图 4-60　输入文字

35. 打开素材"董事长",选取部分图形复制到内封面文件中,并调整至合适的位置和大小,如图 4-61 所示。

图 4-61　添加素材

36. 选择文本工具,拖拽出矩形框,复制文字,字体"宋体",颜色"黑色",大小为"12 点",加粗,如图 4-62 所示。

图 4-62　复制文字

37. 在圆角矩形上右键单击,选择"形状 1",按下 Alt + Shift 组合键的同时,用鼠标左键拖动复制一个新的圆角矩形,按 Ctrl + T 组合键进行变换并调整至合适的位置,然后输入文字"锐估团队",效果如图 4-63 所示。

图 4-63　复制圆角矩形

38. 选择文本工具,拖拽出矩形框,复制文字,字体"宋体",颜色"黑色",大小为"12 点",加粗,如图 4-64 所示。

图 4-64　复制文字

39. 执行"文件"→"置入"命令,选择"银行标志",调整至合适的大小及位置,如图 4-65 所示。

图 4-65　置入"银行标志"

40. 在圆角矩形上右键单击，选择"形状 1"，按下 Alt + Shift 组合键的同时，用鼠标左键拖动复制一个新的圆角矩形，按 Ctrl + T 组合键进行变换并调整至合适的位置，然后输入文字"合作伙伴"。

41. 选择矩形选区工具，作矩形选区。

42. 新建一个图层并重命名为"描边"，执行"编辑"→"描边"命令，在弹出的描边对话框中作如图 4-66 所示的设置，描边色为"#7c6206"。

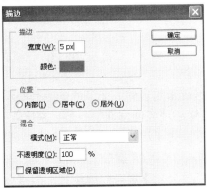

图 4-66 描边设置

43. 最终效果如图 4-67 所示。

图 4-67 内封面最终效果

项目 5　结缘心理咨询培训中心产品设计

5.1　情境描述

随着人们生活压力的增大,越来越多的人或多或少患有心理方面的疾病,而国内心理咨询师方面的人才又比较匮乏。结缘心理咨询培训中心是一家比较早的专业的心理咨询和培训中心,该中心聘有知名的心理专家。为了更好地发展业务,该公司委托蓝风广告公司为其设计一组宣传品,包括培训中心的 LOGO、名片、手提袋、培训证和培训证书。经过前面几次设计,王杰的技术已经逐步成熟,蓝风广告公司李经理想继续让王杰来设计此套产品。

5.2　问题分析

LOGO 应如何设计?

绿色象征健康,因此 LOGO 的主体色调选择健康的绿色,此外 LOGO 还应体现出公司的性质是做心理健康咨询及培训的。设计效果如图 5-1 所示。

图 5-1　LOGO 效果图

LOGO 说明:

1. 结缘两个字代表结识有缘人,心手相牵之意。
2. 图案整体像只飞翔的鸽子,寓意活力、发展和健康的心理。
3. 整体色调以绿色为主,象征健康的心理。

5.3　所用素材

所用素材如图 5-2 所示。

图 5-2　所用素材

5.4　作品效果图

作品效果图如图 5-3 所示。

LOGO 说明：

1. 结缘两个字代表结识有缘人，心手相牵之意。

2. 图案整体像只飞翔的鸽子，寓意活力、发展和健康的心理。

3. 整体色调以绿色为主，象征健康的心理。

图 5-3　结缘心理咨询效果图(一)

图 5-3　结缘心理咨询效果图(二)

5.5　任务设计

本次案例主要完成一个心理咨询产品的设计,可分为三部分来完成:

一、LOGO 的设计。

二、名片的设计。

三、手提袋的设计。

5.5.1　LOGO 的设计

1. 打开 AI,按 Ctrl + N 组合键,新建一个文件,命名为"文字",宽度为 1024 像素,高度为 1024 像素。

2. 输入文字"结缘",执行"文字"→"创建轮廓"命令或按 Ctrl + Shift + O 组合键,文字会变成带有锚点的文字,在工具栏中选择直接选择工具 ,拖动锚点可以对文字进行变形,变换成如图 5-4 所示的形状。应用"创建轮廓"命令后文字不能再修改。最后将变换后的文字保存,保存为 AI 格式。

图 5-4　文字效果

3. 打开 Photoshop,按下 Ctrl + N 组合键新建一个文件,文件名为"LOGO",宽度为 280mm,高度为 140mm,分辨率为 300ppi,颜色模式为"RGB",背景色为"白色",具体设置如图 5-5 所示。

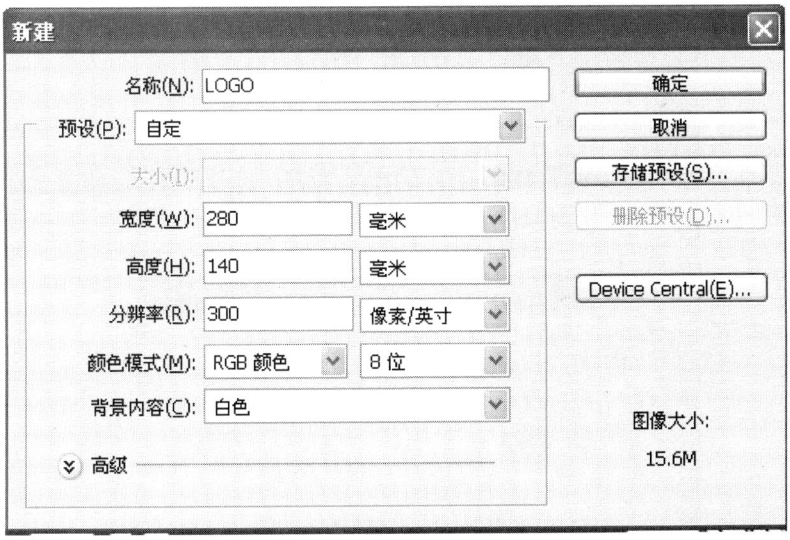

图 5-5　新建文件对话框

4. 在工具栏上选择钢笔工具 ，绘制如图 5-6 所示的路径，在绘制路径的时候注意综合使用三种工具（钢笔工具 、转换点工具 、直接选择工具 ）来调整路径。在绘制 LOGO 的时候一般是先用铅笔绘制一个手稿，然后拍成照片再用钢笔工具描绘出来，如果钢笔工具用得熟练也可直接用钢笔工具根据手稿绘制。

图 5-6　LOGO 路径

5. 新建一个图层并命名为"LOGO 图案"，按 Ctrl + Enter 组合键将路径转换为选区（也可选择路径面板，用鼠标单击路径面板下方的将路径转换为选区按钮 ），选择渐变工具 ，单击属性栏上渐变编辑按钮 ，在弹出的渐变编辑器对话框中，分别设置两个色标的颜色值 R、G、B 为：左边 145、213、27，右边 19、94、6，并调整颜色中点靠近左边的色标，如图 5-7 所示。

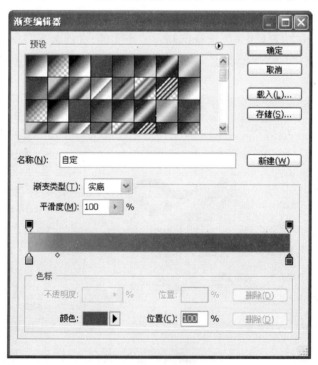

图 5-7　渐变设置

在 LOGO 选区中从左到右拖动鼠标填充渐变,效果如图 5-8 所示。

图 5-8　LOGO 图案效果

6. 执行"文件"→"置入"命令,将"文字 . ai"置入到当前图形中,调整文字到合适的大小,按 Enter 键结束变换,调整 LOGO 图案和文字至合适的大小和位置,效果如图 5-9 所示。

图 5-9　调整文字和 LOGO 图案后的效果

7. 在 LOGO 下方输入"结缘心理咨询培训中心",字体为"华文行楷",大小为 36 点,颜色 R、G、B 为:8、100、17。再在下方输入培训中心的英文名称"Jieyuan Counseling Training Center",在右边编辑 LOGO 说明,最终效果如图 5-10 所示。

图 5-10　LOGO 最终效果图

5.5.2 名片的设计

1. 按 Ctrl + N 组合键,新建一个文件,名称为"名片",宽度为 90mm,高度为 45mm,分辨率为 300ppi,如图 5-11 所示。

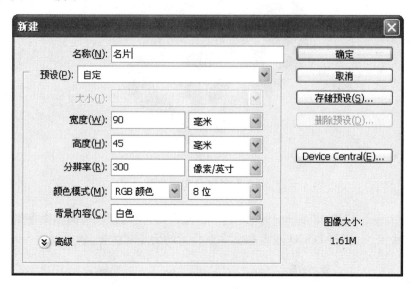

图 5-11 新建名片文件

2. 按 Ctrl + R 组合键显示标尺,在工具栏中选择移动工具,拖动垂直参考线至 5mm 处,再拖动一条到中央(45mm 处),同样的方法拖动一条至 85mm 处。有了三条参考线可以为后续图案的安排确定位置。效果如图 5-12 所示。

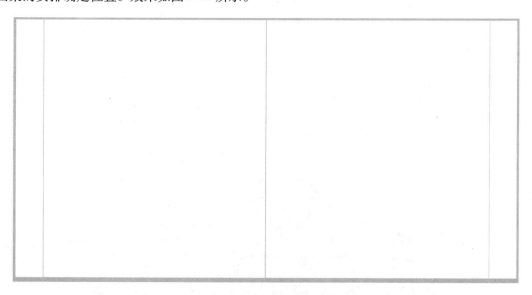

图 5-12 添加参考线

3. 按 Ctrl + O 组合键,打开刚才设计的 LOGO,将除背景层和 LOGO 说明层以外的图层移动到"名片"文件中,按 Ctrl + T 组合键进行自由变换,调整控点至合适的大小,按 Enter 键结束自由变换,调整至合适的位置,效果如图 5-13 所示。

图 5-13　加入 LOGO 后

4. 在背景层上新建一个图层并命名为"下方渐变条",在工具栏中选择矩形选区工具 ,绘制如图 5-14 所示的选区。

图 5-14　矩形选区

5. 在工具栏中选择渐变工具 ,用鼠标单击属性栏上渐变编辑按钮 ,在弹出的渐变编辑器对话框中调整"颜色中点"到合适的位置,如图 5-15 所示。

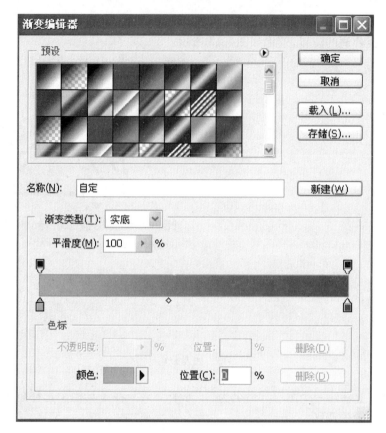

图 5-15　渐变编辑器对话框

6. 在矩形选区中用鼠标从左至右拖动鼠标，给矩形选区填充渐变，按 Ctrl + D 组合键取消选区，如图 5-16 所示。

图 5-16　填充渐变

7. 输入名片文字信息,调整至合适大小和位置,按 Ctrl + ;组合键隐藏参考线,效果如图 5-17 所示。

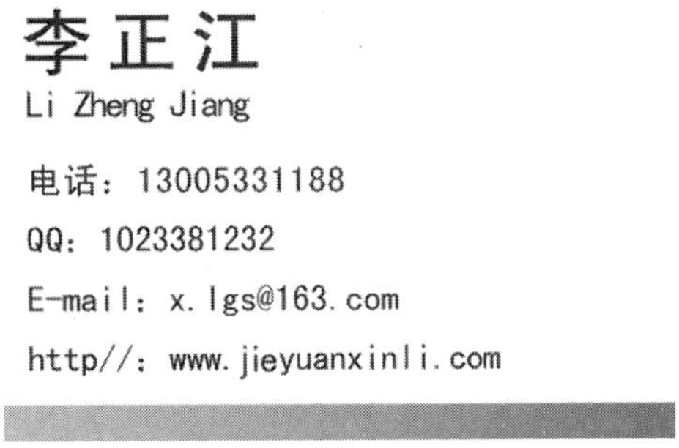

李正江
Li Zheng Jiang

电话:13005331188
QQ:1023381232
E-mail:x.lgs@163.com
http//:www.jieyuanxinli.com

图 5-17　输入正面文字

8. 单击图层面板下方的新建图层组按钮□,并重命名为"正面",选中除背景层外的图层(可先选择第一个图层,然后在按下 Shift 键的同时,再选中最后一个图层),将图层拖动到图层组中。拖动"正面"图层组到新建图层按钮上,得到"正面 副本"图层组,将其重命名为"反面",单击"正面"图层组前面的眼睛图标👁可将"正面"图层组隐藏。在"反面"图层组选中关于 LOGO 的图层,按 Ctrl + T 组合键进行自由变换,调整到合适的大小按 Enter 键结束自由变换,将其移动到合适的位置,如图 5-18 所示。

李正江
Li Zheng Jiang

电话:13005331188
QQ:1023381232
E-mail:x.lgs@163.com
http//:www.jieyuanxinli.com

图 5-18　变换 LOGO 大小

9. 在"反面"图层组中将除 LOGO 以外的图层删除(可在选中后直接拖动图层到删除图层按钮🗑上),在工具栏中选择文字工具 **T**,输入文字信息并调整至合适的大小和位置,如图 5-19 所示。

☆国家二级心理咨询师
☆中国心理卫生协会会员
☆中科院心理所星海协会组长

图 5-19　名片反面效果图

10. 制作实际效果图,打开"手拿名片"文件,将名片正面形成的 jpeg 文件打开并移动到"手拿名片"文件中,这时会在上面新添加一个图层,将其重命名为"名片",按 Ctrl + T 组合键进行自由变换,以宽度刚好盖过白色名片为止,单击图层面板下方的新建图层蒙版按钮 ,在"名片"图层后面添加一个白色蒙版,在工具栏中选择画笔工具 ,在属性栏中选择柔边画笔并设置画笔大小为 21 点,将背景色设置为黑色,在蒙版上有手指的位置涂抹,手指头就会露出来,这里利用了蒙版的原理,即白色透明,黑色遮挡,灰色半透明,如图 5-20 所示。

图 5-20　名片实际效果图

5.5.3　手提袋的设计

1. 按 Ctrl + N 组合键新建一个文件,宽度为 720mm,高度为 390mm,分辨率为 300ppi,如图 5-21所示。

图 5-21　新建手提袋

2. 选择"视图"→"新建参考线",在弹出的新建参考线对话框中选择"垂直",位置为 10mm,用同样的方法在 280mm、360mm、630mm、710mm 处新建参考线,如图 5-22 所示。

图 5-22　新建垂直参考线

3. 选择"视图"→"新建参考线",在弹出的新建参考线对话框中选择"水平",位置为 20mm,用同样的方法在 370mm 处新建参考线,如图 5-23 所示。

图 5-23　新建水平参考线

4. 选择钢笔工具 ,绘制如图 5-24 所示的路径。

图 5-24　用钢笔工具绘制路径

5. 单击图层面板下方的新建图层按钮 ,新建一个图层并重命名为"渐变条 1",按 Ctrl +
Enter 组合键将路径转换为选区,在工具栏中选择渐变工具 ,在属性栏中单击渐变编辑按钮
 ,在弹出的渐变编辑器对话框中,调整颜色中点到 26% 位置处,从左到右拖动鼠标填充
渐变,按 Ctrl + D 组合键取消选区。如图 5-25 所示。

图 5-25　渐变条 1

6. 切换到路径面板,将路径 1 拖动到新建路径按钮▣上,得到路径 1 副本,用直接选择工具 ▶ 调整路径得到如图 5-26 所示的路径。

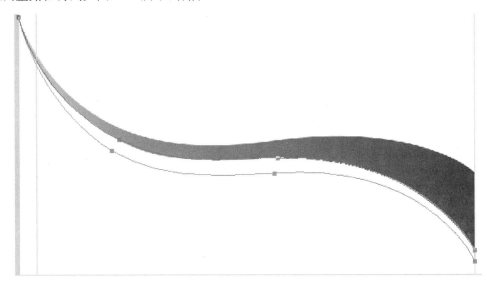

图 5-26　路径 1 副本

7. 单击图层面板下方的新建图层按钮▣,新建一个图层并重命名为"渐变条 2",按 Ctrl + Enter 组合键将路径转换为选区,单击前景色设置按钮▣,将前景色 R、G、B 设置为 0、135、59,按 Alt + Delete 组合键填充前景色,效果如图 5-27 所示。

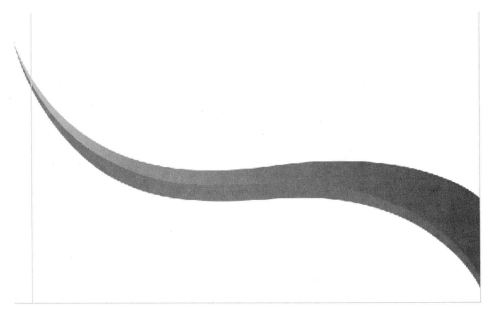

图 5-27　渐变条 2

8. 用同样的方法制作渐变条 3,注意渐变设置中颜色中点的位置要移到中间 50%,而填充的方向是从右到左,如图 5-28 所示。

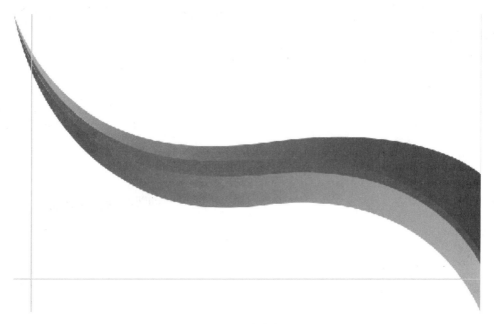

图 5-28　渐变条 3

9. 切换到路径面板,将路径 1 副本 2 拖动到新建路径按钮 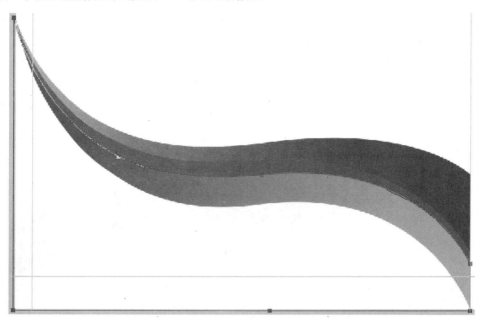 上,得到路径 1 副本 3,用直接选择工具 调整路径得到如图 5-29 所示的路径。

图 5-29　路径 1 副本 3

10. 单击图层面板下方的新建图层按钮 ,新建一个图层并重命名为"渐变条 4",按 Ctrl + Enter 组合键将路径转换为选区,在工具栏中选择渐变工具 ,在属性栏中单击渐变编辑按钮 ,在弹出的渐变编辑器对话框中,调整颜色中点到 50% 位置处,将右边色标 R、G、B 设置为 0、135、59，从左到右拖动鼠标填充渐变，按 Ctrl + D 组合键取消选区，如图 5-30 所示。

图 5-30　渐变条 4

11. 单击图层面板下方的新建图层组按钮，并重命名为"渐变条"，选中渐变 1 ~ 渐变 4 图层，将其拖动到"渐变条"图层组内。

12. 将"渐变条"图层组拖动到新建图层按钮上，得到"渐变条 副本"图层组，按住 Shift 键用鼠标拖动到相应的位置，如图 5-31 所示。

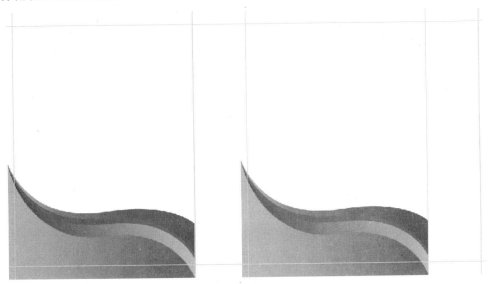

图 5-31　复制渐变条

13. 选择矩形选区工具，作如图 5-32 所示的选区。

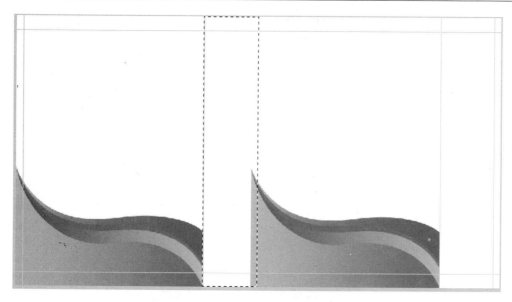

图 5-32　矩形选区

14. 单击图层面板下方的新建图层按钮 ▣，新建一个图层并重命名为"侧面渐变"，在工具栏中选择渐变工具 ▣，在属性栏中单击渐变编辑按钮 ▭，在弹出的渐变编辑器对话框中，调整颜色中点到 50% 位置处，将右边色标 R、G、B 设置为 19、87、6，从上到下拖动鼠标填充渐变，按 Ctrl + D 组合键取消选区。选择移动工具 ⊕，按住 Shift + Alt 组合键的同时拖动鼠标到合适的位置，复制一个新的图层为"侧面渐变 副本"，如图 5-33 所示。

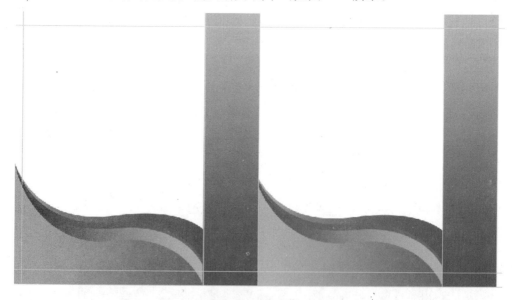

图 5-33　侧面渐变

15. 在工具栏中选择文字工具 T，输入文字，如图 5-34 所示。

16. 按 Ctrl + O 组合键，打开"标志 . psd"文件，将 LOGO 图案拖动到"手提袋"文件中，新建图层组并命名为 LOGO，将关于 LOGO 的几个图层拖动到 LOGO 图层组内，选择 LOGO 图层

78

组,并按下 Ctrl + T 组合键进行变换,调整到合适的大小,按下 Alt 键的同时拖动鼠标,将 LOGO 复制一个,得到 LOGO 副本图层组。如图 5-35 所示。

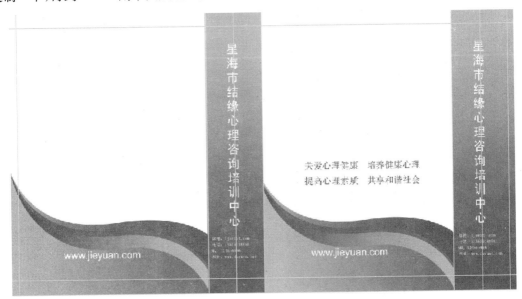

图 5-34　输入文字

图 5-35　手提袋平面效果图

17. 对"手提袋"进行检查完善。

18. 按 Ctrl + N 组合键新建一个文件,宽度为 160mm,高度为 210mm,分辨率为 300ppi。

19. 在工具栏中选择渐变工具 ，在属性栏中单击渐变编辑按钮 ，在弹出的渐变编辑器对话框中,分别设置左右色标颜色值 R、G、B 为 94、38、30 和 55、21、13,从中下部往上拖动鼠标填充渐变,如图 5-36 所示。

20. 双击背景层将其转换为普通图层，执行"滤镜"→"杂色"→"添加杂色"命令，在弹出的添加杂色对话框中作如图 5-37 所示的设置，数量为"18"，分布为"平均分布"，选择"单色"。

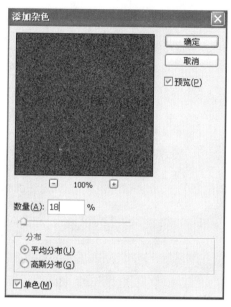

图 5-36　填充渐变色

图 5-37　添加杂色

21. 打开"手提袋.jpg"，选择矩形选区工具，框选手提袋正面图形，用"移动"工具将其拖动到"手提袋 3D 效果图"，按 Ctrl + T 组合键进行自由变换，调整至合适的大小，在图形上右键单击选择"扭曲"，拖动控点调整图形如图 5-38 所示。

22. 同样的方式选择"手提袋.jpg"侧面，并调整至合适的形状和大小，如图 5-39 所示。

图 5-38　正面图形

图 5-39　侧面图形

23. 在工具栏中选择钢笔工具 ，绘制如图 5-40 所示的路径。

24. 单击图层面板下方的新建图层按钮，新建一个图层并重命名为"底下阴影"，按 Ctrl + Enter 组合键将路径转换为选区，更改前景色 R、G、B 为 12、63、2，按 Alt + Delete 组合键填充前景色，如图 5-41 所示。

图 5-40　底下阴影路径

图 5-41　底下阴影

25. 在工具栏中选择钢笔工具 ✎，绘制如图 5-42 所示的路径。

26. 单击图层面板下方的新建图层按钮，新建一个图层并重命名为"侧面颜色加深"，按 Ctrl + Enter 组合键将路径转换为选区，在工具栏中选择渐变工具，在属性栏中单击渐变编辑按钮，在弹出的渐变编辑器对话框中，分别设置左右色标颜色值 R、G、B 为 201、199、199 和 142、141、141，从左往右拖动鼠标填充渐变，调整图层模式为"正片叠底"，如图 5-43 所示。

图 5-42　侧面颜色加深路径

图 5-43　侧面颜色加深

27. 在工具栏中选择椭圆选区工具○，按住 Shift 键的同时绘制如图 5-44 所示的圆形选区。

28. 单击图层面板下方的新建图层按钮 🔲，新建一个图层并重命名为"孔"，在工具栏中选择渐变工具 🔲，给圆形选区填充渐变，按 Ctrl＋D 组合键取消选区，按下 Alt 键的同时拖动鼠标，复制一个新的图层"孔副本"，效果如图 5-45 所示。

图 5-44　圆形选区　　　　　　　　　　图 5-45　加孔

29. 在工具栏中选择钢笔工具 ✐，绘制如图 5-46 所示的路径。

30. 在工具栏中选择画笔工具 ✎，属性栏中设置画笔大小为 20px，前景色 R、G、B 设置为 15、67、5，新建图层并命名为"手提袋绳"，在路径面板中单击用画笔描边路径按钮 ○，在图层面板中单击添加图层样式按钮 fx，选择斜面与浮雕，将大小设置为 10 像素，效果图如图 5-47 所示。

图 5-46　手提袋绳路径　　　　　　　　图 5-47　手提袋绳

31. 在工具栏中选择移动工具 ，按下 Alt 键的同时用鼠标拖动，复制手提袋绳，将其移动到背景层上，并进行适当的变形，效果如图 5-48 所示。

32. 用钢笔工具绘制如图 5-49 所示的路径。

图 5-48　加手提袋绳　　　　　　　　　　　　　图 5-49　阴影路径

33. 按 Ctrl + Enter 组合键将路径转换为选区，将前景色设置为黑色，新建一个图层并重命名为"阴影"，按 Alt + Delete 组合键填充前景色，单击图层面板下方的添加图层蒙版按钮，"阴影"图层右边会有一个白色的蒙版，选择"渐变"工具，填充由白色到黑色的渐变，效果如图 5-50 所示。

34. 对手提袋 3D 效果图进行检查修正，最终效果如图 5-51 所示。

图 5-50　添加阴影　　　　　　　　　　　　　　图 5-51　最终效果图

项目6 食品包装1

6.1 情境描述

麻大湖是鲁北平原的一大淡水湖泊,坐落在山东省滨州市。以湖区及其周围河沟荡滩自然放养的麻鸭所产蛋为原料,采用传统工艺与现代加工技术相结合而精心制作的"金丝鸭蛋"个个流油,是山东省一大特产。为了发展业务,麻大湖委托设计公司为"金丝鸭蛋"设计新的包装盒。

6.2 问题分析

1. 包装盒平面图尺寸是多少?

包装盒平面图的尺寸为:宽度500mm,高度370mm。

2. 包装盒应该设计怎样的风格?

包装盒应该展现出鸭子放养的湖区风貌,自然生态,无污染,可放心实用的特点;同时要把鸭蛋的特色优点表现出来,比如说个个流油,让人一看就有食欲,吸引购买者的购买欲。

6.3 所用素材

所用素材如图6-1所示。

图6-1 所用素材

6.4 作品效果图

作品效果图如图 6-2 和图 6-3 所示。

图 6-2　鸭蛋包装盒平面图

图 6-3　鸭蛋包装盒整体效果图

6.5 任务设计

本次案例主要完成一个鸭蛋包装盒的设计,可分为两部分来完成:
一、鸭蛋包装盒平面图的设计。
二、鸭蛋包装盒整体效果图的设计与安排。

6.5.1 鸭蛋包装盒平面图的设计

1. 新建宽度为 50cm,高度为 37cm,分辨率为 300 像素/英寸,颜色模式为 RGB 颜色,8 位,背景颜色为白色的文档。名称为"鸭蛋包装盒平面图",如图 6-4 所示。

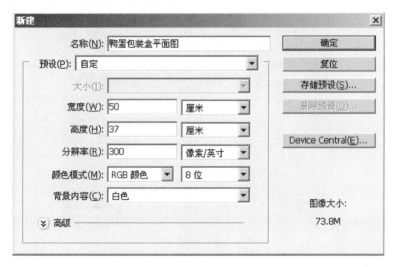

图 6-4　新建"鸭蛋包装盒平面图"文档

2. 执行"视图"→"标尺"命令,打开标尺,执行"视图"→"新建参考线"命令,做出垂直方向位置分别是 1.5cm、37cm、49cm 的三条参考线;水平方向位置分别为 1cm、7cm、13cm、36cm 的四条参考线。

3. 将"素材"中的"风景.psd""海鸥.psd""鸭子.psd"三个素材打开,分别拖动到"鸭蛋包装盒平面图.psd"中并放到如图 6-5 所示的位置。

图 6-5　将素材放入鸭蛋包装盒平面图

4. 新建"图层5",在新图层中,用钢笔绘制出如图6-6所示的路径,用转折点工具修改路径平滑,将路径转化为选区后,按 Ctrl + Shift + L 组合键反向选择,将选择后的选区填充(R:0,G:167,B:60)颜色,按 Ctrl + D 组合键撤销选区。

图6-6　选区

5. 新建"图层6",在新图层中用钢笔工具绘制如下所示选区,可配合转折点工具使用,将选区填充(R:198,G:154,B:27)颜色,按 Ctrl + D 组合键撤销选区,如图6-7所示。

图6-7　新建图层6

6. 新建"图层7"，在新图层中，用钢笔工具绘制如下所示选区，可配合转折点工具使用，将选区填充颜色（R:70,G:176,B:53），如图6-8所示。

图6-8　新建图层7

7. 新建"图层8"，使用"渐变工具"左侧滑块为R:206、G:157、B:27，右侧滑块为R:210、G:223、B:88，在"图层8"填充选区，如图6-9和图6-10所示。

图6-9　渐变编辑器的设置

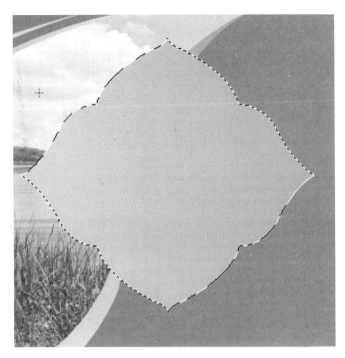

图 6-10 选区填充颜色后

8. 在选区中右击,选择"变换选区",按住 Alt + Shift 组合键可从中心点向四周等比例缩放选区。缩放到如图 6-11 所示位置,按 Enter 键。再按 Delete 键将填充颜色删除,撤销选区,如图6-11 和图 6-12 所示。

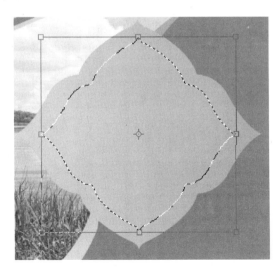

图 6-11　变换选区

图 6-12　填充选区

9. 对"图层 8"中的图形添加如图 6-13 所示的"外发光"效果,设置如下,得到如图 6-14 所示的效果图。

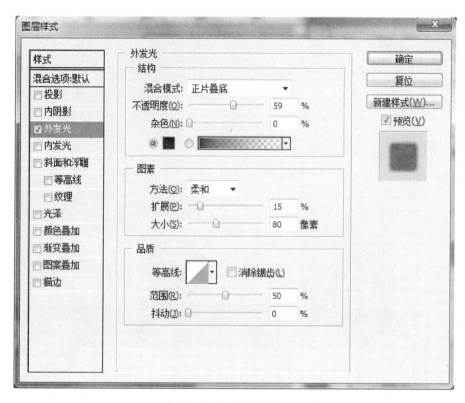

图 6-13　设置外发光效果

图 6-14　设置"外发光"效果后

图 6-15　加入鸭蛋图片后

10. 打开"素材"中的"鸭蛋.psd"将其拖到"鸭蛋包装盒平面图.psd"文档中,放到合适的位置,形成"图层9",如图 6-15 所示。

11. 运用文本工具在合适的位置输入"麻大湖",并添加如图 6-16 所示的"投影"效果。

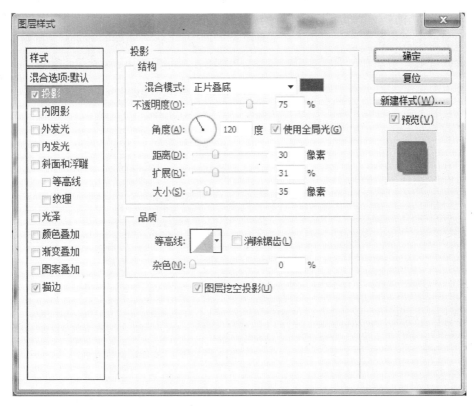

图 6-16　为文字添加"投影"效果

图 6-17　加入投影效果图

12. 打开"素材"中的"tuan. png",将其移动到新文档中,执行"编辑"→"定义图案"命令,将刚才的图像定义为图案。将"图层 7""图层 8""图层 9"暂时隐藏,用钢笔工具作出如下图所示的选区,执行"编辑"→"填充图案"命令,填充刚才定义的图案,效果如图 6-19 所示。

图 6-18　用钢笔工具作出的选区

图 6-19　填充图案后的效果

13. 将"图层7""图层8""图层9"显示,效果如图6-20所示。

图6-20　三个图层显示后的效果

14. 用文本工具在合适位置输入"绿色食品　传统腌制　馈赠佳品",设置图层样式如图6-21和图6-22所示,得到效果如图6-23所示。

15. 将刚才的文字图层复制,移动到下方,并将文字适当缩小,可得到如图6-23所示的效果。

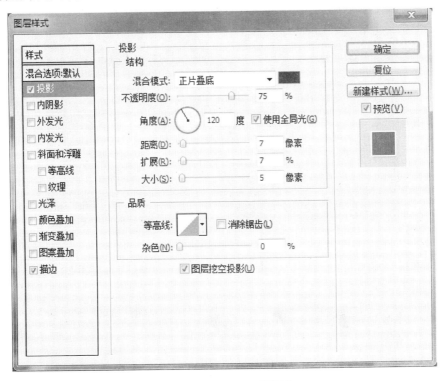

图6-21　设置"投影"效果

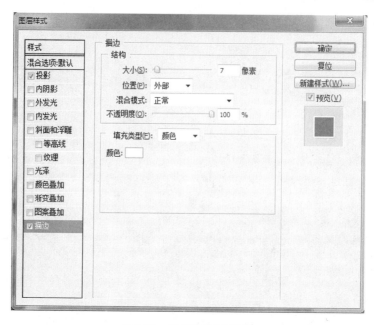

图 6-22　设置"描边"效果

图 6-23　添加文字效果后

16. 将"素材"中的"标志.psd""黄横幅.psd"移动到文档中，如图 6-24 所示，对"标志"所在图层加上如图 6-25 所示的"外发光"效果。

图 6-24　将"标志.psd""黄横幅.psd"移动到文档中

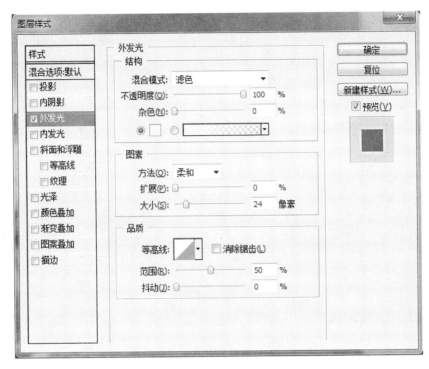

图 6-25 设置"外发光"效果

17. 在黄横幅上输入"五香咸鸭蛋",并使用文字工具,输入图 6-26 中的文字(可在 word 文档中复制粘贴过来),得到如图 6-27 所示的效果。

每100克可食部分中营养成分的含量

营养成分	单 位	含 量	价值及日需要量
含 水 分	克	67	
蛋白质	克	13.6	是一切生命的基础,日需80克左右
脂 肪	克	13.7	是人体重要组成成分,又是热能的重要来源之一,日需50~100克
碳水化合物	克	2.2	是人体热能的主要来源,每克碳水化合物产生4卡热
热 量	千焦	660.4	
维生素A	(IU)	940	
维生素B₁	毫克	0.02	
维生素B₂	毫克	0.21	
无机盐	克	2.3	

图 6-26 需输入图中的文字

图 6-27　添加文字后效果

18. 打开"素材"中的"碎.psd""插图.psd""咸鸭蛋.psd""印刷品品牌标示.psd"，移动到新文档中，放到合适的位置，如图 6-28 所示。

图 6-28　将素材拖入后的效果

19. 使用文字工具输入"地址：××县××镇××商行 电话：×××××××",如图 6-29所示。

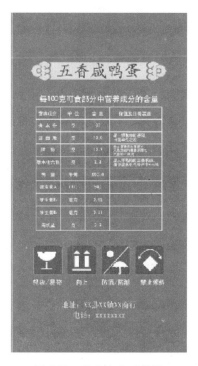

图 6-29 输入文字后效果

20. 新建图层,在新图层中用椭圆选框工具,从属性中选择"从选区中减去"绘制一个圆环,填充颜色(R:255,G:241,B:0)。在绘制圆环的时候可找两条参考线交叉点做中心点更利于画圆环,如图 6-30 所示。

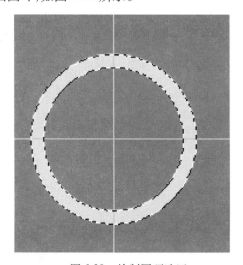

图 6-30 绘制圆环选区

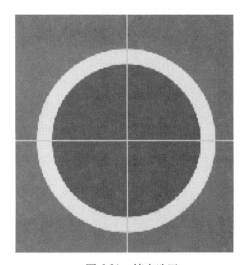

图 6-31 填充选区

21. 撤销选区,用魔术棒工具选择选区内部,填充颜色(R:0,G:127,B:65),将图形适当缩放,如图 6-31 所示。

22. 将刚才的图层复制 7 个，放在合适的位置，如图 6-32 所示。

图 6-32　复制 7 个图层

23. 使用文字工具在圆内输入"珍在自然　贵在自然"，最终效果如图 6-33 所示。

图 6-33　鸭蛋包装盒平面图

6.5.2 包装盒整体效果图的设计与安排

1. 新建宽度为 28cm,高度为 21cm,200 像素/英寸,背景为透明的新文档,名称为"鸭蛋包装盒整体效果. psd",如图 6-34 所示。

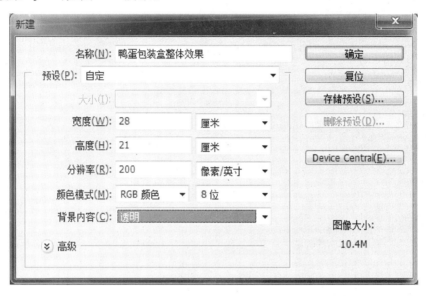

图 6-34 新建"鸭蛋包装盒整体效果"文档

2. 打开渐变编辑器,左边滑块颜色为 R:0、G:0、B:0,右侧滑块颜色为 R:135、G:0、B:0,设置完渐变颜色,在背景图层中从下向上拖动鼠标填充渐变色,如图 6-35 所示。

图 6-35 背景层填充渐变色后

3. 新建"图层1",在图层1中,用钢笔工具绘制出如图6-36所示的路径,将路径转化为选区,填充黑色。为该图层添加图层蒙版,使用渐变工具(左滑块为黑色,右滑块为白色),从左向右拖动。最终效果如图6-37所示。

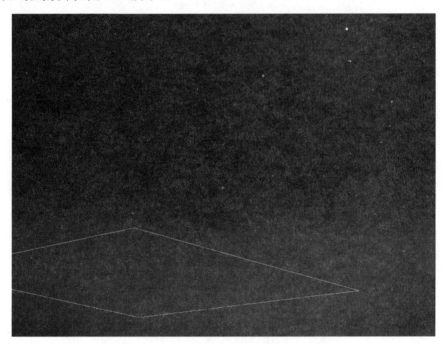

图6-36　钢笔绘制的路径

图6-37　添加蒙版和使用渐变后的效果

4. 打开"包装盒平面图.psd",将平面图中图6-38所在的所有图层全部选中,合并后复制到"包装盒整体效果.psd"中。按Ctrl+T组合键选中图形,右击选择"透视",将图形调整到如图6-39所示位置。

图6-38 需要选中该图中涉及的所有图层

图6-39 图形应用透视后的效果

5. 打开"包装盒平面图.psd",用同样的方法,将平面图中图 6-40 所在的所有图层全部选中,合并后复制到"包装盒整体效果.psd"中。按 Ctrl + T 组合键选中图形,右击选择"透视"将图形调整到如图 6-41 所示位置。

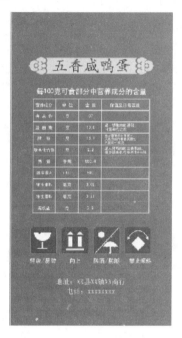

图 6-40　需选中该图中所有图层

图 6-41　加上侧面后的效果

6. 新建图层,用钢笔工具绘制如下图所示的路径,转化为选区 1,填充颜色(R:0,G:124,B:44),如图 6-42 所示。

图 6-42　填充颜色后的选区 1

7. 新建图层,用同样的方法,用钢笔工具绘制如下图所示的路径,转化为选区 2,填充颜色(R:0,G:124,B:44),如图 6-43 所示。

图 6-43　填充颜色后的选区 2

8. 新建图层,用同样的方法,用钢笔工具绘制如下图所示的路径,转化为选区 3,填充颜色(R:89,G:104,B:49),如图 6-44 所示。

图 6-44　填充颜色后的选区 3

9. 新建图层,用钢笔工具和转折点工具,绘制礼盒绳子,加上如图 6-45、图 6-46 所示的投影、斜面和浮雕效果,最后的效果如图 6-47 所示。

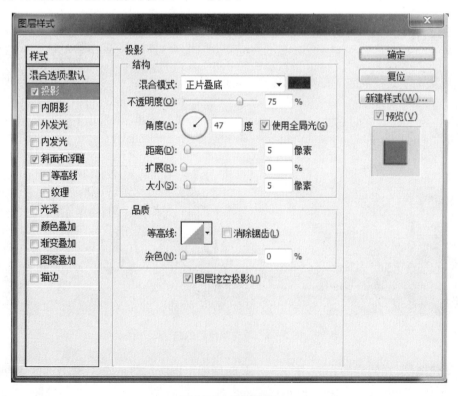

图 6-45　投影效果

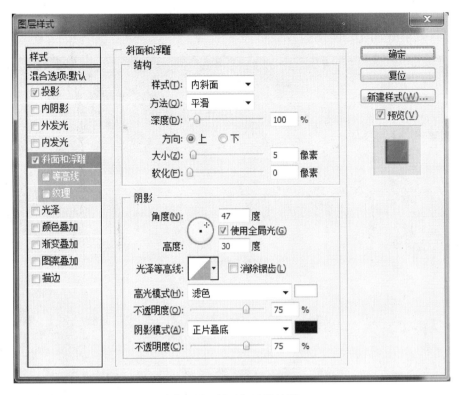

图 6-46　斜面与浮雕效果

图 6-47　盒子加上绳子

10. 将刚才绳子所在的图层复制一个新的图层,将新图层向下放,不要挡住前面盒子所在的图层,最终效果图如图 6-48 所示。

图 6-48　鸭蛋包装盒最终效果图

项目7　食品包装2

7.1　情境描述

北方古商城周村,素有"天下第一村""旱码头"之称。1775年,乾隆皇帝南巡路过周村,品尝周村的香酥烧饼后赞不绝口,亲笔御批"天下第一村","天下第一村"香酥烧饼因此得名,并蜚声海内外。为了发展业务,公司准备为"天下第一村"烧饼设计新的包装盒与包装袋。

7.2　问题分析

1. 小方盒01、小方盒02、小方盒02袋子－0、小方盒02袋子、方盒牛卡纸包装盒、牛卡纸袋子的规格分别是多少?

小方盒01:205mm×265mm,小方盒02:265mm×265mm,小方盒02袋子－0:295mm×130mm,小方盒02袋子:435mm×325mm,方盒牛卡纸包装盒:200mm×200mm,牛卡纸袋子:200mm×253.5mm。

2. 包装盒与包装袋应该设计怎样的风格?

周村烧饼是传统老字号食品,是一个历史悠久、营养丰富、老少皆宜的特色食品,针对这一定位,在设计包装盒与包装袋的时候,要体现浓郁的传统文化底蕴。

7.3　所用素材

所用素材如图7-1所示。

图7-1　所用素材

7.4　作品效果图

作品效果图如图 7-2 ～图 7-6 所示。

图 7-2　小方盒 01

图 7-3　小方盒 02

图 7-4　小方盒 02 袋子

图 7-5　方盒牛卡纸包装盒

图 7-6　牛卡纸袋子

7.5　任务设计

本次案例主要完成包装盒与包装袋的设计,可分为六部分来完成:

一、小方盒 01 的设计。

二、小方盒 02 的设计。

三、小方盒 02 袋子－0 的设计。

四、小方盒 02 袋子的设计。

五、方盒牛卡纸包装盒的设计。

六、牛卡纸袋子的设计。

7.5.1　小方盒 01 的设计

1. 执行"文件"→"新建"命令,或按组合键 Ctrl + N,在弹出的新建文件对话框中作如下设置,名称为"小方盒 01",宽度为 205mm,高度为 265mm,分辨率为 300ppi,颜色模式为 RGB,位数为 8 位,如图 7-7 所示。

2. 设置前景色并填充。在工具栏中单击设置前景色按钮,在拾色器对话框中分别设置 R、G、B 文本框的值为:202、154、119,按 Alt + Delete 组合键在背景层上填充前景色,双击背景层将其转换为普通图层并命名为"背景层"。

3. 执行"视图"→"新建参考线"命令,打开"新建参考线"对话框,并在该对话框中设置"取向"为"垂直"、"位置"为 2.5cm,然后单击"确定"按钮,新建一条辅助线。同样的方法,再在垂直方向新建两条位置分别为 10cm、17.5cm 的辅助线,水平方向新建三条位置分别为 6cm、13cm、20cm 的辅助线。如图 7-8 所示。

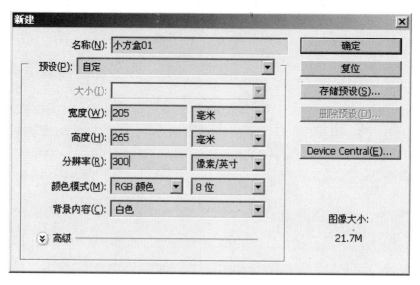

图 7-7　新建文件对话框

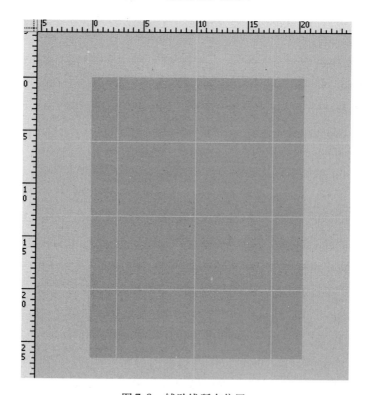

图 7-8　辅助线所在位置

4. 新建"图层 1"，启动多边形工具，将前景色改为白色，属性中，选择"填充像素"，边改为
"8"，如图 7-9 所示。从中心点向四周拖拽出正八边形，如图 7-10 所示。

图 7-9　多边形工具属性选项

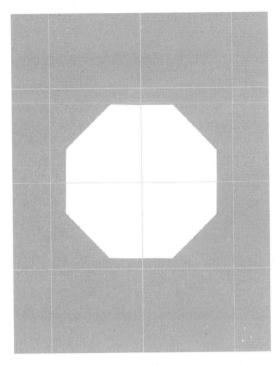

图 7-10　多边形绘制

5. 对刚才的图层设置如图 7-11 所示的"投影"效果。

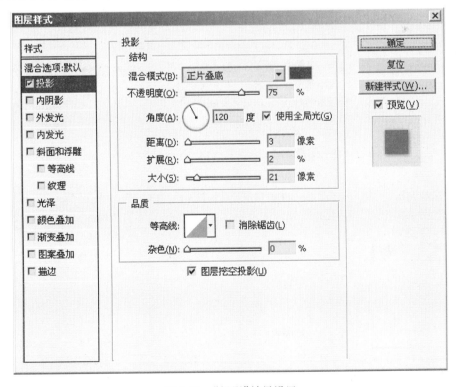

图 7-11　"投影"效果设置

6. 新建"图层2",启动多边形工具,将前景色改为 R:202、G:154、B:119,从中心点向四周拖拽出正八边形,如图 7-12 所示。

7. 用同样的方法,将前景色改为白色,再向四周拖拽出小的正八边形,如图 7-13 所示。

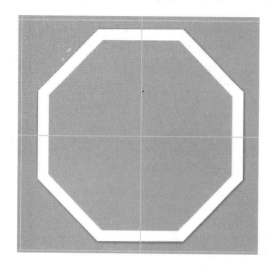

图 7-12　正八边形

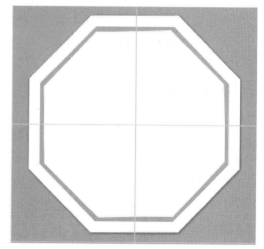

图 7-13　小的正八边形

8. 对"图层2"添加描边效果,颜色改为 R:152、G:123、B:2,如图 7-14 所示。

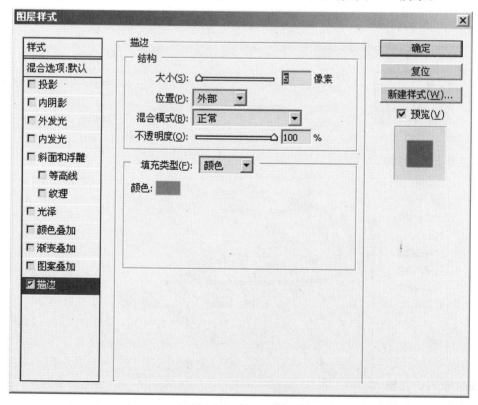

图 7-14　背景设置完成后

9. 打开"素材"中的"标志.psd"文件,将标志直接拖拽到"小方盒 01.psd",自动形成"图层 3",按住 Ctrl + T 组合键对其进行缩放,并用移动工具将其放在合适位置。执行"选择"→"色彩范围"命令,选取黑色文字部分,将前景色改为 R:148、G:48、B:0,按 Alt + Delete 组合键填充文字颜色,按 Ctrl + D 组合键撤销选区。

10. 用同样的方法,将"素材"中的"香酥烧饼.psd""始于公元 160 年东汉.psd""TIANX-IA DIYICUN.psd""酥·香·薄·脆　　千·年·经·典.psd"等四个文件中的内容拖拽到"小方盒 01.psd"中。调整合适的大小、位置,如图 7-15 所示。

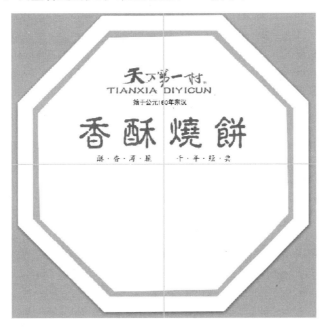

图 7-15　填充颜色

11. 新建"图层 4",将前景色改为"黑色",使用直线工具在"始于公元 160 年东汉"左右两边各画一条直线,并将"图层 4"的名称修改为"形状",如图 7-16 所示。

图 7-16　画直线

12. 使用横排文字工具,字体设置为"仿宋",大小为"10 点",颜色为 R:148、G:48、B:0,在合适的位置输入"净含量:110 克"。同样的方法,使用横排文字工具,输入"生产商:×××××××有限责任公司　经销商:×××××有限责任公司",如图 7-17 所示。

113

图 7-17　输入文字

图 7-18　打开"人物"素材

13. 打开"素材"中"人物·jpg"。双击背景图层,将其变为普通层。用橡皮擦工具将其外部区域擦掉,因为此图背景为白色,与本案例中的背景相同,所以不用精细抠图,如图 7-18所示。

完成后将其拖动到"小方盒 01. psd"中。按 Ctrl＋T 组合键后右击图片,选择"水平翻转",如图 7-19 所示。

14. 将"素材"中"01. psd"打开,将"周村特产"字样拖拽到"小方盒 01. psd"中。小方盒01 完成,其效果如图 7-20 所示。

图 7-19　自由变换

图 7-20　小方盒 01 效果图

7.5.2　小方盒 02 的制作

1. 新建文档,宽度、高度均为 265mm,分辨率为 300ppi,RGB 颜色模式,8 位,背景颜色为白色,如图 7-21 所示。

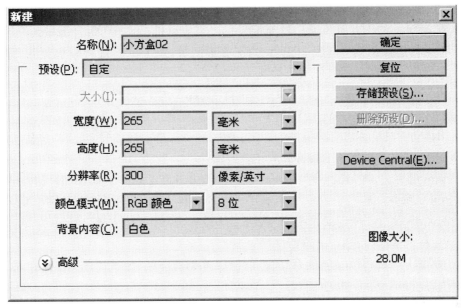

图 7-21　新建文档对话框

2. 执行"视图"→"新建参考线"命令,在 60mm 和 205mm 处新建两条垂直辅助线,并在 60mm 和 205mm 处新建两条水平辅助线。

3. 使用矩形选框工具,新建在水平标尺左侧从 30mm 处开始、右侧到 235mm 处结束,上方 从 0mm 开始、下方到 265mm 处结束的一个矩形选区。将前景色颜色修改为 R:202、G:154、 B:119,用前景色填充矩形选区,完成后按 Ctrl + D 组合键撤销选区,如图 7-22 所示。

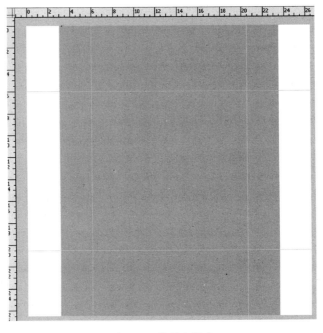

图 7-22　前景色填充

4. 新建"图层1"，将前景色修改为 R:148、G:48、B:0，用矩形选框工具选择整个图像区域（从 0mm 到 265mm 的正方形区域），填充前景色。完成后按 Ctrl + D 组合键撤销选区。再次用矩形选框工具选择从 60mm 到 205mm 的正方形区域，按 Delete 键将颜色删除，完成后按 Ctrl + D 组合键撤销选区。效果如图 7-23 所示。

5. 打开"素材"中的"标志.psd"文件，执行"选择"→"色彩范围"命令选取黑色文字部分，将前景色改为 R:148、G:48、B:0，按 Alt + Delete 组合键填充文字颜色，按 Ctrl + D 组合键撤销选区。用移动工具将标志直接拖拽到"小方盒 02. psd"，自动形成"图层 2"，按住 Ctrl + T 组合键对其进行缩放，并用移动工具将其放在合适位置。

6. 用同样的方法，将"素材"中的"始于公元 160 年东汉.psd"、"TIANXIA DIYICUN. psd""酥·香·薄·脆　千·年·经·典. psd"等三个文件中的内容拖拽到"小方盒 02. psd"中。调整合适的大小、位置。使用横排文字工具，字体设置为"经典粗宋繁"，大小为"52.83 点"，颜色为黑色，在合适的位置输入"香酥烧饼"。

7. 新建"图层 3"，将前景色改为"黑色"，使用直线工具在"始于公元 160 年东汉"前后各画一条直线，并将"图层 3"的名称修改为"形状 1"，如图 7-24 所示。

图 7-23　删除选区中的内容

图 7-24　加入黑线

8. 新建"图层 3"，将前景色修改为 R:148、G:48、B:0，启动"椭圆选框工具"，选择"从选区减去"画出下方的图形，并将选区填充前景色，如图 7-25 所示。

9. 按住 Alt 键用移动工具移动七次刚才做出的图形，可将该图形复制七遍。分别放在合适的位置，如图 7-26 所示。

图 7-25　填充前景色

图 7-26　复制

10. 将刚才的八个图层全部选中,右击,选择"合并图层"。

11. 新建"图层 4",将前景色修改为 R:148、G:48、B:0,启动矩形选框工具,选择"从选区减去"画出下方的图形,并将选区填充前景色,如图 7-27 所示。

图 7-27　画出下方的矩形并填充前景色

12. 按 Ctrl + D 组合键撤销选区。再次启动矩形选框工具,在刚才的矩形下方选择合适的位置,如下图所示,按 Delete 键将选择的区域删除掉,如图 7-28 所示。用同样的方法,最终可得到如图 7-29 所示的效果图。

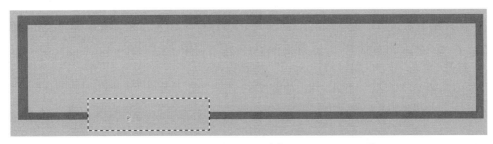

图 7-28　删除

图 7-29　矩形最终效果图

13. 使用竖排文字工具,字体设置为"经典粗宋繁",大小为"8 点",颜色为 R:148、G:48、B:0,在合适的位置输入"『天下第一村』即周村,其『天下第一村』的美誉得自于 1750 年,乾隆帝东巡之时御笔亲封。香酥烧饼形圆面薄,正面贴满芝麻仁,背面布满酥孔,被人誉之为白杨树干叶,若失手落地,则会皆成碎片。地道的周村人,唤其为『天下第一村』香酥烧饼。香、酥、薄、脆的『天下第一村』香酥烧饼,形圆色黄,正面布满芝麻,背面充满酥孔。其酥脆程度,一嚼即碎,不硌不皮,失手落地即成碎末。开人口味;甜酥烧饼,酥脆香甜,甜而不腻。其薄在熟食类中居拔萃之优尤似纸片。『天下第一村』香酥烧饼是中华传统名吃中的一朵奇葩,是山东周村独有的地方特产。"该文本存放于"小方盒 02 中的文本"中,效果如图 7-30 所示。

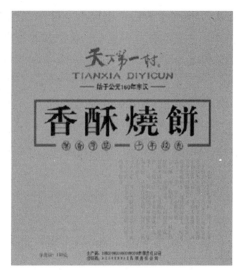

图 7-30　效果图　　　　　　　　　　　　　　　　图 7-31　输入文字

14. 同样的方法,使用横排文字工具,输入"生产商:××××××有限责任公司 经销商:
××××××××有限责任公司","净含量:110 克",如图 7-31 所示。

15. 打开"素材"中的"周村特产.psd",将其拖拽到"小方盒 02.psd"中,放到合适的位置,
并在其周围用铅笔工具画一个外边框,如图 7-32 所示。

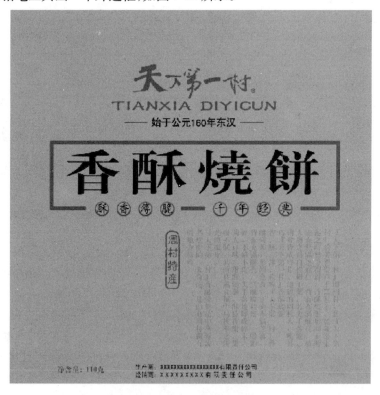

图 7-32　输入下方文字

16. 打开"素材"中"人物·jpg"。双击背景图层,将其变为普通层。用橡皮擦工具,将其外部区域擦掉,此图背景为白色,与本案例中的背景相同,所以不用精细抠图。完成后将其拖动到"小方盒 02. psd"中,按 Ctrl + T 组合键后右击图片,选择"水平翻转",如图 7-33 所示。

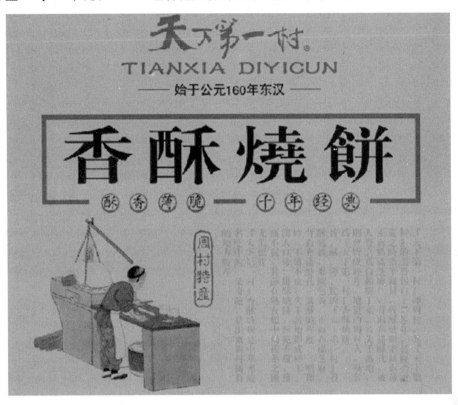

图 7-33　加入素材"人物"

17. 打开"素材"中的"大街·jpg",双击"背景"层,将其转化为普通图层。将前景色修改为 R:133、G:47、B:12,用魔术棒工具将背景白色选中,删除。

18. 执行"滤镜"→"滤镜库"命令,打开"滤镜库"对话框(图 7-34),选择"素描"—"绘画笔"效果。参数设置如图 7-35 所示:

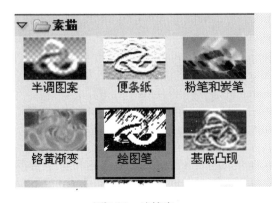

图 7-34　滤镜库

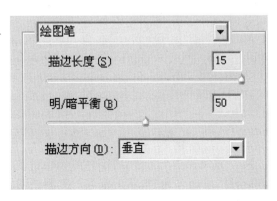

图 7-35　绘画笔设置

119

图片效果如图 7-36 所示。

19. 使用"椭圆选框工具",按住 Alt 键从图的中心开始向四周做出一个椭圆选框,按住 Ctrl+Shift+I 反向选择选区,然后按 Delete 键将选区中的内容删除,得到如图 7-37 所示的效果。

图 7-36　绘画笔效果　　　　　　　　　　图 7-37　删除选区中的内容

20. 再次反选后,将选区的内容拖动到"小方盒 02. psd"中,调整到合适的位置,并将该图层的模式选择为"正片叠底",如图 7-38 所示。

21. 将"素材"中的"图案. psd"打开拖动到"小方盒 02. psd"中,放到合适的位置,如图 7-39 所示。

图 7-38　图层模式改为正片叠底　　　　　　图 7-39　加入素材图案

22. 重复第 5、6、7 步,将字体颜色全部改成 R:202、G:154、B:119,将这三步产生的图层,全部合并,重命名为"形状 1 副本",复制该图层并旋转放到图像的左右侧面,如图 7-40 所示。

23. 重复第 8、9、10、11、12 步,将文字颜色全部改为 R:202、G:154、B:119,将这 5 步产生的图层合并,重命名为"形状 2 副本",复制并旋转放到图像的上下两端,最终效果图如图 7-41 所示。

图 7-40　图层合并后

图 7-41　小方盒 02

7.5.3 小方盒 02 袋子 – 0

1. 新建一个宽度为 295mm,高度为 130mm,分辨率为 300ppi,颜色模式为 RGB,8 位,背景内容为白色的文档。

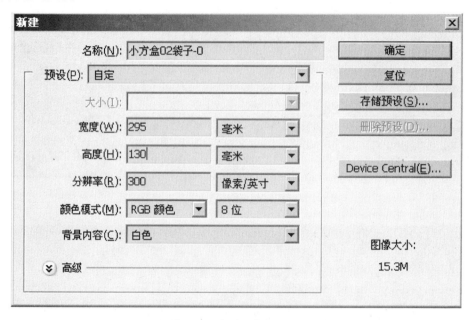

图 7-42　新建文档对话框

2. 将前景色修改为 R:148、G:48、B:0,将背景填充该颜色。

3. 将"小方盒 02. psd"中的"形状 1 副本"图层选中,右击,选择"复制图层"打开如图 7-43 所示对话框。选择"目标文档"为"小方盒 02 袋子 – 0",名称不填,单击"确定"按钮。

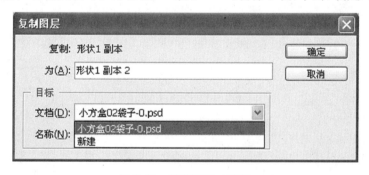

图 7-43　复制图层对话框

4. 同样的方法,将"小方盒 02. psd"中的"香酥烧饼副本"图层复制到"小方盒 02 袋子 – 0"中。效果如图 7-44 所示。

5. 打开"素材"中的"云朵. psd",将其拖动到"小方盒 02 袋子 – 0"中自动形成"图层 1",如图 7-45 所示。

6. 将刚才的"图层 1"复制旋转放到图像右上角。最终效果图如图 7-46 所示。

图 7-44 复制图层

图 7-45 加云朵后

图 7-46 小方盒 02 袋子效果

7.5.4　小方盒02袋子的制作

1. 执行"文件"→"新建"命令,或按组合键 Ctrl + N,在弹出的新建文件对话框中作如下设置,名称为"小方盒 02 袋子",宽度为 435mm,高度为 325mm,分辨率为 300ppi,颜色模式为RGB,位数为 8 位,如图 7-47 所示。

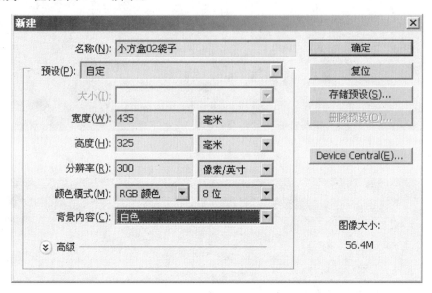

图 7-47　新建文档对话框

2. 设置前景色并填充。在工具栏中单击设置前景色按钮,在拾色器对话框中分别设置R、G、B 文本框的值为:202、154、119,按 Alt + Delete 组合键在背景层上填充前景色。

3. 执行"视图"→"新建参考线"命令,打开"新建参考线"对话框,并在该对话框中设置"取向"为"垂直","位置"为 150mm、300mm 两条辅助线。

4. 新建"图层 1",将前景色修改为 R:148、G:48、B:0,用矩形选框工具选择图像区域的右侧部分(从 300mm 到 435mm)并填充前景色。完成后按 Ctrl + D 组合键撤销选区。效果如图7-48 所示。

图 7-48　填充前景色

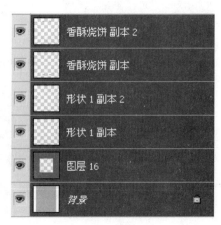

图 7-49　复制图层

5. 将"小方盒 02. psd"打开,可以将里面的图层复制到"小方盒 02 袋子 . psd"中(注意:复制的时候,不要复制"背景"及背景上方的第一个图层,"形状 1 副本""形状 1 副本 2""香酥烧饼副本""香酥烧饼副本 2"等六个图层,如图 7-49 所示)。复制完后,将各个图层中的内容放到合适的位置,如图 7-50 所示。

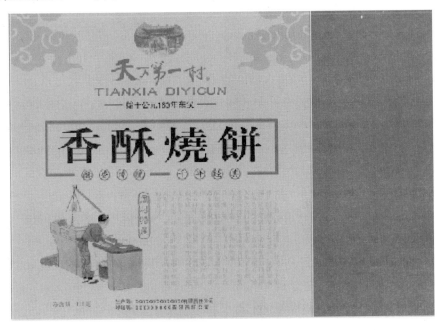

图 7-50　复制

6. 新建图层,将前景色修改为 R、G、B 文本框的值为:202、154、119,用椭圆选框工具绘制一个椭圆,用前景色填充选区,如图 7-51 所示。

7. 将"大街"所在的图层复制副本,放到椭圆上方,如图 7-52 所示。

图 7-51　绘制椭圆

图 7-52　放入"大街"图像

8. 将"小方盒 02. psd"打开,可以将"形状 1 副本 2"复制到"小方盒 02 袋子 . psd"中,如图 7-53所示。

9. 使用横排文字工具,字体设置为"宋体",大小为"12 点",颜色为 R:202、G:154、B:119, 在合适的位置输入"小方盒02 袋子"中的文本,效果如图 7-54 所示。

图 7-53　复制椭圆

图 7-54　输入文本

10. 将"小方盒02. psd"打开,可以将"香酥烧饼副本"复制到"小方盒02 袋子. psd"中,如图 7-55 所示。

11. 新建图层,设置前景色为 R:202、G:154、B:119,用矩形选框工具绘制三个矩形,填充前景色,如图 7-56 所示。

12. 将"素材"中的"条形码. psd""商标. psd"拖动到"小方盒02 袋子. psd"中,放到合适的位置。将"素材"中的"质量安全. jpg"图片打开,抠图,将抠好的图拖动到"小方盒02 袋子. psd"中,放到合适的位置。用文本工具分别输入"QS3703　2401　0139""本品为牛皮纸无塑印刷,可循环利用",如图 7-57 所示。

图 7-55　复制副本

图 7-56 填充前景色

图 7-57 加入循环利用

最终效果图如图 7-58 所示。

图 7-58 小方盒 02 袋子效果图

7.5.5 方盒牛卡纸包装盒的制作

1. 将"小方盒 02. psd"复制副本。打开副本,选中如图 7-59 所示的图层,将所选图层(即除了"图层 16""形状 1 副本""形状 1 副本 2""香酥烧饼副本""香酥烧饼副本 2"外的图层)合并。

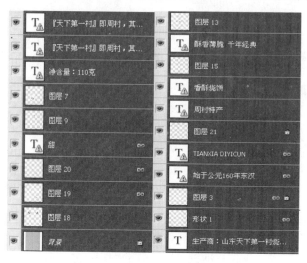

图 7-59 所选的图层

2. 合并后的图层为"背景"。
3. 双击"背景"层,将图层转化为普通图层 0,如图 7-60 所示。

图 7-60 背景层转化为普通图层

4. 按 Ctrl + D 组合键取消选择,再选择矩形选框工具,作出如图 7-61 所示的选区。按 Ctrl + C组合键复制该选区。

图 7-61 选区

5. 执行"文件"→"新建"命令,新建一个背景为透明的文档,设置如图 7-62 所示。

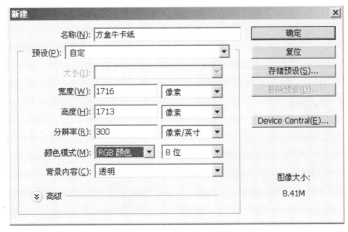

图 7-62　新建文档设置

6. 将刚才的选区粘贴到新文档中,按 Ctrl + T 组合键将图形旋转缩放到合适大小,如图 7-63 所示。

图 7-63　选区调整后效果

7. 返回"小方盒 02. psd",选中如图 7-64 所示的五个图层,合并图层。

图 7-64　合并的五个图层

图 7-65　作选区

8. 作出如图 7-65 所示的选区,将选区复制粘贴到新文档中,按 Ctrl + T 组合键将其缩放。再右击图片,选择"扭曲"将图片放到合适的位置,如图 7-66 所示。

图 7-66　扭曲后　　　　　　　　　　　　　　　图 7-67　底部效果

9. 同样的方法,制作出底部的效果图,如图 7-67 所示。

10. 打开"素材"中的"纹理.jpg"图片,将其拖动到"方盒牛卡纸.psd"中。把生成的图层移动到图层的最下面,按 Ctrl + T 组合键将图片放大到占满整个文档,如图 7-68 所示。

图 7-68　加上纹理后的效果

11. 新建图层,在新图层中用钢笔工具作出如图 7-69 所示的选区,将选区填充黑色。将该图层放在倒数第二层,为该图层添加蒙版。使用画笔工具,设置画笔工具的属性,在图层中涂抹,得到如图 7-70 所示的最终效果图。

图 7-69　盒子投影效果的制作

图 7-70　方盒牛卡纸包装盒最终效果图

7.5.6　牛卡纸袋子的制作

1. 新建宽度、高度分别为 20cm、25.35cm,分辨率为 200ppi,名称为"牛卡纸袋子"的背景为白色的文档,如图 7-71 所示。

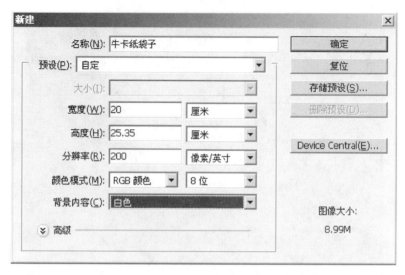

图 7-71　新建"牛卡纸袋子"对话框

2. 将"素材"中的"黄色纹理 . jpg"打开拖动到新建文档中,放在文档的上半部分,如图 7-72 所示。

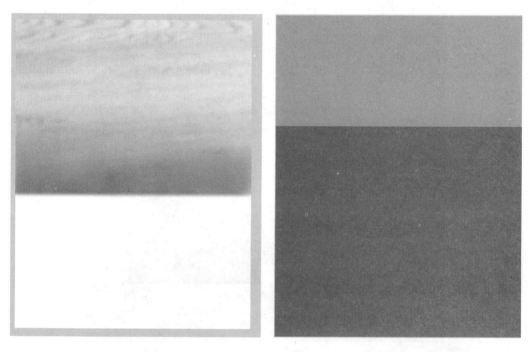

图 7-72　添加黄色纹理后　　　　　　　　图 7-73　填充前景色

3. 新建图层 2,在新图层中设置前景色为 R:129、G:47、B:47,在图层下方做一个矩形选区,填充该前景色。同样的方法设置前景色为 R:203、G:115、B:70,在图层上方做一个矩形选区,填充该前景色,得到的效果图如图 7-73 所示。

4. 将"图层 2"的混合模式设置为"正片叠底","不透明度"为"84%",如图 7-74 所示。

图 7-74　设置"正片叠底"后的效果　　　　　　　图 7-75　添加"纹理"后

5. 打开"素材"中的"纹理 . jpg"，将其拖动到"牛卡纸袋子 . psd"下方，效果如图 7-75 所示。

6. 新建图层，作出如图 7-76 所示选区，填充颜色为 R:174、G:134、B:106，可用 Ctrl + T 组合键适当调整，如图 7-76 所示。

图 7-76　袋子的背面　　　　　　　　　　　　图 7-77　袋子的顶部

7. 将"小方盒 02 袋子 − 0. psd"打开,所有图层合并,并将其拖动到"牛卡纸袋子. psd"中,如图 7-77 所示。

8. 将图 7-78 所示的选区内容复制粘贴到"牛卡纸袋子. psd"中,效果如图 7-79 所示。

图 7-78　袋子的前面　　　　　　　　　　图 7-79　袋子一部分效果图

9. 将"小方盒 02 袋子. psd"打开,将以下图层选中(即图所在的图层),如图 7-80 所示。合并图层,将合并完的图层复制粘贴到"牛卡纸袋子. psd"中,调整大小位置,效果如图 7-81 所示。

图 7-80　粘贴并调整大小

图 7-81　袋子加上侧面效果

10. 新建图层,在新图层中按照"方盒牛卡纸包装盒.psd"中第 10 步制作袋子的阴影效果,如图 7-82 所示。并将阴影图层移动到各纹理图层的上方,不要盖住袋子所在图层,如图 7-83 所示。

图 7-82　阴影效果

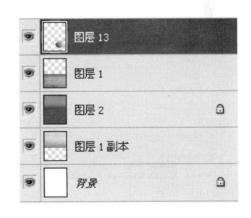

图 7-83　阴影所在图层所放位置

11. 添加完阴影效果的袋子如图 7-84 所示。

12. 用钢笔工具作出如下选区,此选区可做的稍微大点,放到其他图层下方即可。颜色填充为 R:133、G:46、B:11,如图 7-85 所示。

13. 新建图层,用椭圆选区做出绳孔的效果。添加内阴影效果,设置如图 7-86 所示,最终效果如图 7-87 所示。

图 7-84　袋子添加完阴影效果后

图 7-85　加上左侧面

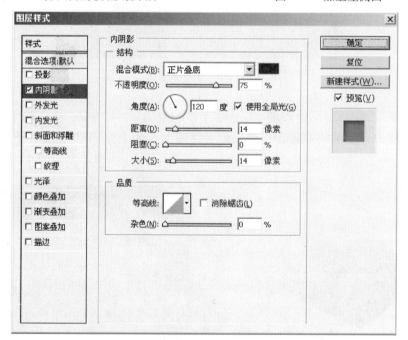

图 7-86　内阴影设置

图 7-87　加上绳孔效果

14. 新建图层,用铅笔工具或者画笔工具画出绳子,设置绳子投影效果,如图 7-88 和图 7-89 所示。

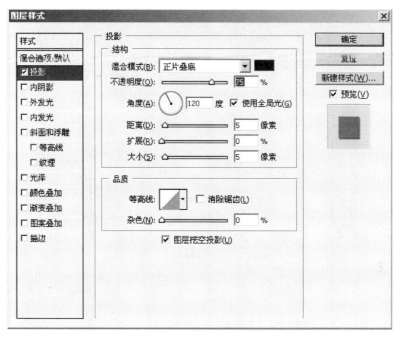

图 7-88　绳子投影设置

图 7-89　加绳子后的效果

15. 将刚才绳子所在的图层复制新图层,将绳子放在合适的位置,最终"牛卡纸袋子"效果如图 7-90 所示。

图 7-90　牛卡纸袋子最终效果图

项目 8　音乐网站

8.1　情境描述

顶尖音乐公司是一家从事音乐创作的公司,为了更好宣传,公司决定对网站进行改版,因此要委托专业的美工来设计公司的网页,蓝风广告公司张经理决定将此项任务交给王杰来做,王杰通过前几次的历练,设计水平突飞猛进,相信一定能把这项任务做好。

8.2　问题分析

1. 组成网页的要素有哪些?

网页背景、网站 LOGO、网页导航。网页背景包含:颜色背景、图像背景、局部背景。网站 LOGO,即网页的标志图案,一般出现在站点的每个页面上,是网站给人的第一印象。网页导航:通过一定的技术手段,为网站的访问者提供一定的途径,使其可以方便地访问到所需的内容,作用类似于书籍中的目录,是实现所有链接的关键字,让人们浏览网页时很容易地达到不同的页面。

2. 网页设计的结构有哪几种?

(1)国字型

国字型也称为同字型,是一些大型网站所喜欢的类型,即最上面是网站的标题以及横幅广告条,接下来就是网站的主要内容,左右分列一些小条内容,中间是最主要的部分,与左右一起罗列到底,最下面是网站的一些基本信息、联系方式、版权声明等,这是网页最常见的类型。

(2)拐角型

拐角型与国字型只是形式上有区别,其实是很相近的,上面是标题及广告横幅,接下来的左侧是一窄列链接等,右列是很宽的正文,下面也是一些网站的辅助信息。

(3)左右框架型

这是一种左右分别为两页的框架结构,一般左面是导航链接,有时最上面会有一个小的标题或标志,右面是正文,这种类型的结构非常清晰,一目了然。

(4)封面型

这种类型基本上是出现在一些网站的首页,大部分为一些精美的平面设计结合一些小的动画,放上几个简单的链接或者仅是一个进入的链接,甚至直接在首页的图片上做链接而没有任何注释,这种类型大部分出现在企业网站和个人主页,如果处理得好,会给人带来赏心悦目的感觉。

139

8.3 所用素材

所用素材如图 8-1 所示。

图 8-1 所用素材

8.4 作品效果图

作品效果图如图 8-2 所示。

图 8-2 音乐网站效果图

8.5　任务设计

1. 执行"文件"→"新建"命令,或按组合键 Ctrl + N,在弹出的新建文件对话框中作如下设置,如图 8-3 所示。

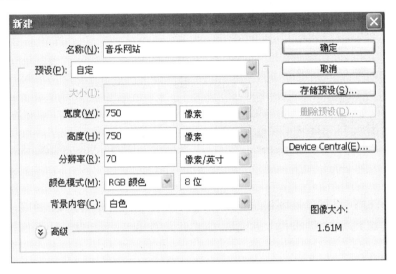

图 8-3　新建文件对话框

2. 设置前景色为"#656262",按 Alt + Delete 组合键填充前景色,如图 8-4 所示。
3. 执行"视图"→"新建参考线"命令,在弹出的对话框中,作如图 8-5 所示的设置。

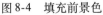

图 8-4　填充前景色　　　　　图 8-5　新建参考线

4. 用同样的方法新建垂直参考线"700px",水平参考线"100px""700px",如图 8-6 所示。
5. 选择圆角矩形工具 ,在属性栏中设置圆角半径为 20px,将前景色设置为"白色",绘制如图 8-7 所示的图形。

图 8-6　新建参考线

图 8-7　绘制圆角矩形

6. 按下 Ctrl 键的同时单击图层"形状 1"缩览图载入圆角矩形选区,在工具栏中选择矩形选区工具 ,在属性栏中选择"从选区中减去",绘制一个矩形,只留如图 8-8 所示的部分。

7. 在属性栏中单击选择"添加到选区",用矩形选区工具绘制选区并将下面的圆角变直角,如图 8-9 所示。

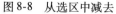

图 8-8　从选区中减去

图 8-9　添加到选区

8. 选择渐变工具 ,在属性栏中单击渐变设置按钮 ,作如图 8-10 所示的设置,两个色标的颜色值分别为"#ff6e02""#e09615"。

9. 新建一个图层并重命名为"左边渐变",用鼠标左键从下往上拖动鼠标,按 Ctrl + D 组合键取消选区,效果如图 8-11 所示。

图 8-10　渐变设置

图 8-11　填充渐变

10. 在图层"形状 1"上新建一个图层并重命名为"白色背景",选择矩形选区工具 ⬚,绘制如图 8-12 所示的选区。

11. 按 Alt + Delete 组合键填充前景色"白色",按 Ctrl + D 组合键取消选区,效果如图 8-13 所示。

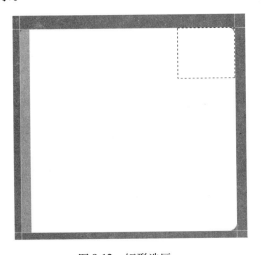

图 8-12　矩形选区

图 8-13　填充前景色

12. 按 Ctrl + O 组合键打开素材"top logo",如图 8-14 所示。

图 8-14　素材 top logo

143

13. 双击"背景层"将其转换为普通图层,选择魔棒工具 ✎,在属性栏中将容差设置为"30px",在白色背景处单击鼠标左键,白色背景被选中,按 Delete 键删除背景,选择移动工具 ►+,将 top logo 移动到"音乐网站"文件中,按 Ctrl + T 组合键调整大小和位置,如图 8-15所示。

14. 选择文字工具 T,输入文字"顶尖音乐",如图 8-16 所示。

图 8-15　加入 top logo

图 8-16　输入文字

15. 选择文字工具 T,输入文字"网站首页 │　排行榜 │ 华人歌曲 │ 欧美流行 │ DJ 舞曲 ",颜色为"#d9be0c",字体为"华文楷体",大小为"18 点",如图 8-17 所示。

图 8-17　导航文字

16. 打开素材"听音乐",用矩形选区工具选择其中一部分拖动到"音乐网站"文件中,按Ctrl + T 组合键进行变换,如图 8-18 所示。

17. 选择圆角矩形工具 ▢,在属性栏中单击路径按钮 ▨,绘制如图 8-19 所示的路径。

18. 按 Ctrl + Enter 组合键将路径转换为选区,按 Ctrl + Shift + I 组合键反选,再按键盘上的Delete 键删除选区中的内容,按 Ctrl + D 组合键取消选区,如图 8-20 所示。

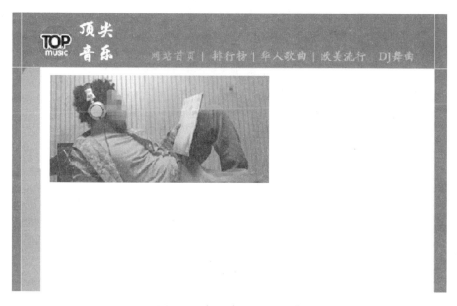

图 8-18　加入素材"听音乐"

图 8-19　圆角矩形路径

图 8-20　删除选区中的内容

19. 按下 Ctrl 键的同时用鼠标单击图层缩览图载入选区，新建一个图层并重命名为"渐变"，选择渐变工具，作如图 8-21 所示的设置，两个色标的值分别为"#d9fbc3""#d4f3a2"。

图 8-21　渐变设置

20. 从右到左拖动鼠标填充渐变，按 Ctrl + D 组合键取消选区，按 Ctrl + T 组合键进行自由变换，效果如图 8-22 所示。

图 8-22　渐变背景

21. 选择椭圆选区工具，绘制如图 8-23 所示的圆形选区。

22. 新建一个图层并重命名为"圆"，把前景色设置为"白色"，按 Alt + Delete 组合键填充前景色，将图层不透明度设置为"53%"，将图层拖动到新建图层按钮上复制一个新的图层，按 Ctrl + T 组合键进行自由变换，按住 Alt + Shift 组合键的同时拖动对角线控点进行变换，改变图层不透明度为"63%"，如图 8-24 所示。

图 8-23　椭圆选区

图 8-24　绘制圆形

23. 将图层"圆 副本"拖动到新建图层按钮上复制一个新的图层"圆 副本 1"，按 Ctrl + T 组合键对图层"圆 副本 1"进行变换，按住 Alt + Shift 组合键的同时拖动对角线控点进行变换，按 Enter 键结束变换，按下 Ctrl 键的同时单击"圆 副本 1"缩览图，载入选区，如图 8-25 所示。

图 8-25　圆形选区

24. 分别选择图层"圆"、"圆 副本"，按 Delete 键删除选区中的内容，按 Ctrl + D 组合键取消选区，并将图层"圆 副本 1"删除，如图 8-26 所示。

图 8-26　删除选区中内容

25. 按下 Ctrl 键的同时用鼠标左键单击"渐变图层"缩览图载入选区，按 Ctrl + Shift + I 组合键反向选择，分别选择图层"圆"、"圆 副本"，按 Delete 键删除选区中内容，如图 8-27 所示。

图 8-27　删除"渐变"图层外的内容

26. 选择文本工具 T，输入文字"享受音乐 爱在生活"，字体为"华文楷体"，大小为"18点"，颜色为"白色"，如图 8-28 所示。

图 8-28　输入文字

27. 新建一个图层并重命名为"白底"，绘制如图 8-29 所示的矩形选区并对选区进行描边，描边粗细为 1px，颜色为"黑色"，位置为"居外"，将前景色设置为"白色"，按 Alt + Delete 组合键填充前景色，按 Ctrl + D 组合键取消选区。

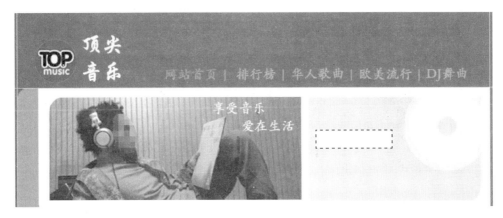

图 8-29   绘制白底

28. 将图层"白底"拖动到新建图层按钮上得到"白底 副本",调整至合适的位置,如图 8-30 所示。

图 8-30   复制白底

29. 新建一个图层并重命名为"蓝底",绘制如图 8-31 所示的选区并填充前景色,颜色值为"#7171b8"。

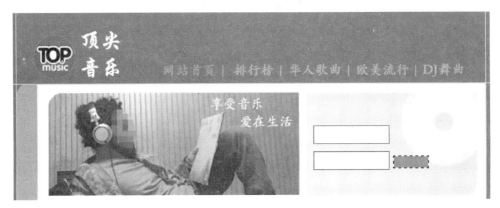

图 8-31   绘制矩形选区并填充颜色

30. 选择文本工具 T,输入相应的文字,如图 8-32 所示。

图 8-32　输入文字

31. 新建一个图层并重命名为"线条"，选择矩形选区工具，绘制如图 8-33 所示的选区并填充前景色为"#898787"。

图 8-33　矩形选区

32. 新建一个图层并命名为"标题条背景"，绘制如图 8-34 所示的圆角矩形（圆角半径为 8px）。

图 8-34　圆角矩形

33. 按 Ctrl＋Enter 组合键转换为选区，填充前景色为"#"，按 Ctrl＋D 组合键取消选区，如图 8-35 所示。

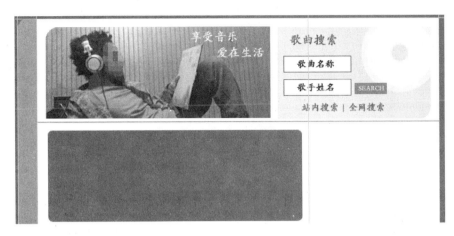

图 8-35　圆角矩形填充前景色

34. 选择矩形选区工具绘制如图 8-36 所示的选区,然后按 Delete 键删除选区中的内容,按 Ctrl + D 组合键取消选区。

图 8-36　标题条背景

35. 选择文本工具,输入文字“新歌速递”,字体为“华文楷体”,颜色为“白色”,大小为“16 点”,如图 8-37 所示。

图 8-37　输入文字

36. 选择自定义形状工具 ,在属性栏中选择“形状图层 ”,形状选择“花 7 ”,将前景色设置为白色,绘制如图 8-38 所示的图形。

图 8-38　绘制花 7

37. 同时选中"形状 2""新歌速递""更多"和"标题条背景"三个图层,按下 Alt + Shift 组合键的同时拖动鼠标复制两个副本,并进行相应的调整,如图 8-39 所示。

图 8-39　复制

38. 选择文本工具,输入文字"TOP",字体为"华文琥珀",大小为"36 点",颜色为"红色",单击图层面板下方的添加图层样式按钮 *fx*,选择"投影",设置按照默认值即可。输入文字"人气排行榜",字体为"华文楷体",大小为"18 点",颜色为"#0b61aa",如图 8-40 所示。

39. 打开素材"张信哲专辑",用矩形选区工具选取部分拖动到"音乐网站"文件中,按Ctrl + T组合键调整大小,如图 8-41 所示。

40. 打开素材"网页小图标",用矩形选区工具框选图标 ◎,并移动到"音乐网站"中,复制多个并输入文字,如图 8-42 所示。

图 8-40　文字输入

图 8-41　导入素材

图 8-42　排行榜歌曲

41. 按照上述方法输入其他曲目,如图 8-43 所示。

42. 最后输入版权信息"Copyright 2013 lanfeng ALL rights reserved.　智能科技 版权所有 Mailto：zhineng＠126.com",最终效果图如图 8-44 所示。

153

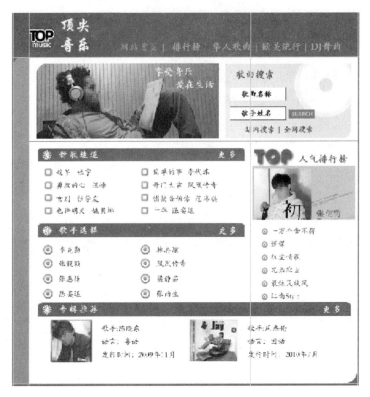

图 8-43　输入其他信息

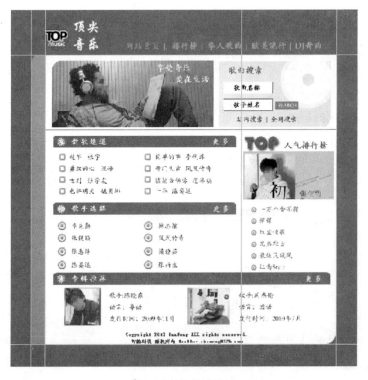

图 8-44　最终效果图

项目9　CD包装设计

9.1　情境描述

力普音像出版社要发行一张关于古典器乐——笛子的一套CD,需要对其进行包装,王杰经过几次锻炼已经对设计有了重新的认识和理解,因此蓝风广告公司李经理决定再启用王杰来设计此次产品。

9.2　问题分析

1. 本CD包装应该采用何种形式?

一般情况下市场上的包装分为简装、普通装、精装三类。简装的CD包装形式和信封较类似,就是通过简单设计与糊裱的袋子,一般多为某些数码设备或计算机书籍的附赠品。普通装是最为常见的,一般的音像店里都是这种包装,通常有一个透明的塑料盒以及外加的一个封套。精装,也叫豪华装,常用于一些具有纪念性内容的CD包装,这种包装在设计时灵活性更强一些,不必拘泥于CD本身的大小,可以适当地加大包装的尺寸,也可以在包装材料及制作工艺方面做一些特殊的安排。此次设计要做的是普通包装。

2. CD包装封套上需要哪些内容?

在普通的CD包装设计上,通常要有专辑的主题名称、发行机构名称及标志、条形码、专辑内容目录或简介。

9.3　所用素材

所用素材如图9-1所示。

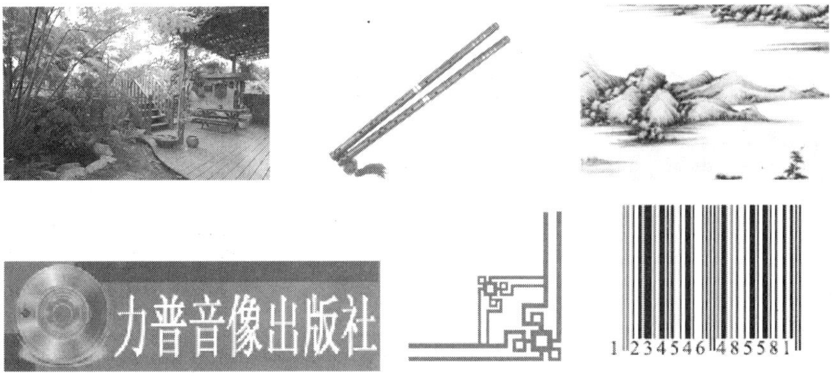

图9-1　所用素材

9.4 作品效果图

作品效果图如图9-2所示。

图9-2 CD封面效果图

9.5 任务设计

本次案例可分为三部分来完成：

一、CD封套的设计。

二、CD塑料盘面实物效果图。

三、CD盘面的设计。

9.5.1 CD封套的设计

1. 按 Ctrl + N 组合键，新建一个文件：宽度为304mm，高度为125mm，分辨率为300ppi，颜色模式为RGB，背景内容为白色，如图9-3所示。

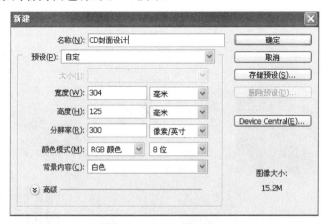

图9-3 新建文件对话框

2. 按 D 键恢复默认前景色和背景色，按 Alt + Delete 组合键将背景色填充为黑色，如图9-4所示。

图 9-4　新建水平参考线

3. 选择"视图"→"新建参考线"命令,弹出"新建参考线"对话框,取向选择"垂直",位置输入"152mm",新建一条参考线,用相同的方法在 142mm、304mm 和 294mm 处新建垂直参考线,如图 9-5 所示。

图 9-5　新建垂直参考线

4. 打开素材"庭院",选择矩形选区工具,作如图 9-6 所示的选区。

图 9-6　选区

5. 选择移动工具将选区内的图像移动到 CD 封面包装设计文件中(此步骤复制也可以),按 Ctrl + T 组合键对图像进行变换,调整到合适的大小,如图 9-7 所示。

图 9-7　将"庭院"加入到"CD 包装封面设计"

6. 选择椭圆选区工具 ◯, 按下 Alt + Shift(按下 Alt 键可以以一个点为中心画圆, 按下 Shift 键可以画正圆)组合键的同时绘制如图 9-8 所示的选区。

图 9-8　圆形选区

7. 选择菜单"选择"→"修改"→"羽化", 在弹出的对话框中设置羽化值为"200px", 按下 Ctrl + Shift + I 组合键进行反选, 按 Delete 键删除选区中的内容, 如图 9-9 所示。

图 9-9　羽化后

8. 再次执行"选择"→"修改"→"羽化", 在弹出的对话框中设置羽化值为"50px", 按 Delete 键删除选区中的内容, 按 Ctrl + D 组合键取消选区, 如图 9-10 所示。

图 9-10 再次羽化

9. 对庭院图层执行"图像"→"调整"→"色相/饱和度",在弹出的对话框中作如图 9-11 所示的设置。

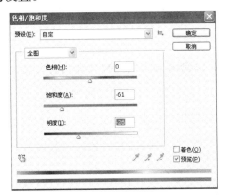 

图 9-11 调整色相/饱和度

10. 打开素材山水,如图 9-12 所示。

图 9-12 山水

11. 选择矩形选区工具，绘制如图 9-13 所示的矩形选区并将其拖动到"CD 封面设计"文件中，按 Ctrl + T 组合键并将其调整到如图 9-13 所示的大小。

图 9-13　加入山水画

12. 选择橡皮擦工具，对山水画进行抠图（注意抠图的时候选择柔边的画笔，综合利用临时切换到放大、缩小及抓手工具等提高抠图效率），最终效果如图 9-14 所示。

图 9-14　抠图

13. 执行"图像"→"调整"→"色相/饱和度"，在弹出的色相/饱和度对话框中作如图 9-15 所示的设置。

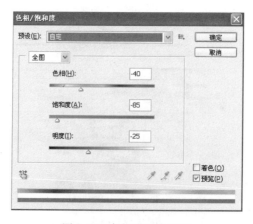

图 9-15　色相饱和度设置

14. 执行"图像"→"调整"→"亮度/对比度",在弹出的亮度/对比度对话框中作如图 9-16 所示的设置。

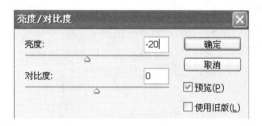

图 9-16 亮度/对比度设置

15. 选择矩形选区工具，绘制如图 9-17 所示的矩形选区。

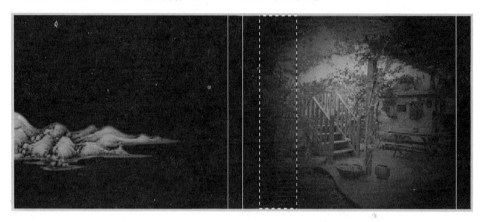

图 9-17 矩形选区

16. 新建一个图层并重命名为"标题",设置前景色值为"#2e1802",按 Alt + Delete 组合键填充前景色,按 Ctrl + D 组合键取消选区,效果如图 9-18 所示。

图 9-18 填充前景色

17. 选择直排文字工具,输入"小桥流水",文字颜色为白色,字体为"华文行楷",大小为"60 点",调整文字至合适的位置,效果如图 9-19 所示。

图 9-19　添加文字"小桥流水"

18. 打开素材"笛子",如图 9-20 所示。

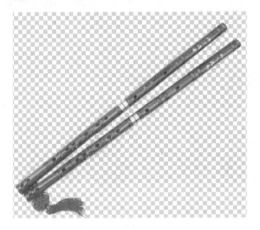

图 9-20　笛子素材

19. 用移动工具 将笛子素材移动到 CD 封面设计文件中,按 Ctrl + T 组合键,调整笛子大小并调整至合适的位置,如图 9-21 所示。

图 9-21　加入笛子

20. 用鼠标拖动"笛子"图层到新建图层按钮 上复制一个新的图层"笛子 副本",按下

Ctrl 键的同时用鼠标左键单击"笛子 副本"缩览图形成以笛子形状的选区,把前景色设置为
"#edc218",按下 Alt + Delete 组合键填充前景色,将"笛子 副本"图层样式改为"正片叠底",效
果如图 9-22 所示。

图 9-22　笛子加效果

21. 新建一个图层并重名为"白底",将前景色设置为"白色",选择圆角矩形工具 ⬜,在属
性栏中设置半径为 10px,绘制如图 9-23 所示的圆角矩形。

图 9-23　加白底

22. 将前景色设置为黑色,选择直排文字工具 T,输入"经典器乐 笛子",字体"华文行
楷",大小"12 点",如图 9-24 所示。

图 9-24　输入文字

23. 选中"白底"和"经典器乐 笛子"两个图层(选中一个图层后按下 Ctrl 键再选择另一个),单击图层面板下方的链接图层按钮 将两个图层绑定。选择移动工具 ，按下 Alt + Shift 组合键的同时按下鼠标左键,移动鼠标可以复制一个新"白底"和"经典器乐 笛子",用同样的方式再复制一个,如图 9-25 所示。

图 9-25　复制白底

24. 选择文字工具 T,输入"笛子""壹",如图 9-26 所示。

25. 选择椭圆选区工具 ，作如图 9-27 所示的选区(可按下 Alt + Shift 组合键绘制)。

图 9-26　输入文字"笛子"和"壹"

图 9-27　圆形选区

26. 执行"编辑"→"描边"命令,在弹出的描边对话框中作如图 9-28 所示的设置。

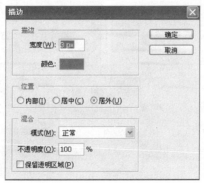

图 9-28　描边设置

27. 按 Ctrl + D 组合键取消选区,效果如图 9-29 所示。

图 9-29 描边

28. 执行"文件"→"置入"命令,在弹出的选择文件对话框中选择"角落纹样"文件,进行变换后调整至合适的位置,如图 9-30 所示。

图 9-30 添加"角落纹样"

29. 选择文字工具 T,打开文字素材,将文字复制到"CD 封面设计"中,调整文字颜色及大小,效果如图 9-31 所示。

图 9-31 添加曲目及专辑介绍

165

30. 选择矩形选区工具▢，绘制如图 9-32 所示的矩形选区。

31. 新建一个图层并重命名为"条码白底"，将前景色设置为"白色"，按 Alt + Delete 组合键填充白色，按下 Ctrl + D 组合键取消选区，如图 9-33 所示。

图 9-32　矩形选区　　　　　　　　　　图 9-33　填充白色

32. 执行"文件"→"置入"命令，在弹出的选择文件对话框中选择"条码"文件，进行变换后调整至合适的位置，如图 9-34 所示。

图 9-34　置入条形码

33. 选择矩形选区工具▢，绘制如图 9-35 所示的矩形选区。

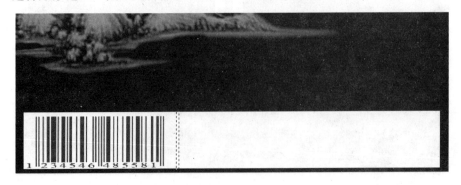

图 9-35　矩形选区

34. 新建一个图层并重命名为"竖线",将前景色设置为"黑色",按 Alt + Delete 组合键填充白色,按下 Ctrl + D 组合键取消选区,如图 9-36 所示。

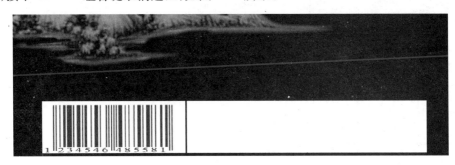

图 9-36　加入竖线

35. 执行"文件"→"置入"命令,在弹出的选择文件对话框中选择"力普音像出版社 LO-GO"文件,进行变换后调整至合适的位置,如图 9-37 所示。

图 9-37　添加 LOGO

36. 选择文本工具 T,输入文字"力普音像出版社出版发行""800 – 888 – 6666",如图 9-38 所示。

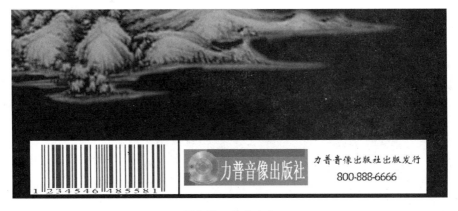

图 9-38　输入文字

37. 选择自定义形状工具 ✿,在属性栏中选择电话标志 ☎,在电话号码前绘制电话标志并调整到合适的位置,如图 9-39 所示。

图 9-39　添加电话标志

38. 选择文本工具 T，输入文字"笛子 第一辑""2CD"并将"笛子 第一辑"文字复制，效果如图 9-40 所示。

图 9-40　输入文字

39. CD 封面设计最终效果图如图 9-41 所示。

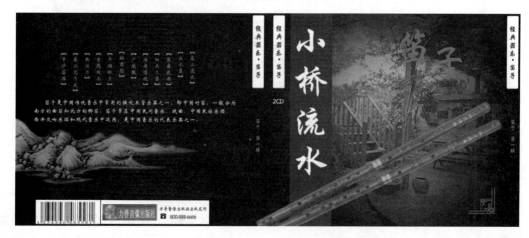

图 9-41　CD 封面最终效果图

9.5.2　CD 塑料盘面实物效果图

1. 将 CD 封面存储为 jpeg 格式以备用。

2. 按 Ctrl + O 组合键打开素材"光盘盒子",打开"CD 封面. jpeg"文件,用矩形选区工具选取 CD 封面的正面并将其拖动到"光盘盒子"文件中,按 Ctrl + T 组合键对封面图形进行自由变换,如图 9-42 所示。

3. 按 Ctrl + T 组合键,在正面图形上右键单击,在弹出的菜单中选择"扭曲",拖动周边四个控点到合适的位置,如图 9-43 所示。

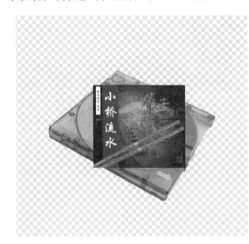
图 9-42　将正面添加到光盘盒子文件中

图 9-43　进行扭曲变换

4. 用同样的方法选取侧面并添加,效果如图 9-44 所示。

5. 将塑料光盘盒子复制一个,利用上述方法给盒子贴上封面的反面和侧面,将三个图层同时选中,按 Ctrl + T 组合键,在所选图形上右键单击选择"扭曲",调整后如图 9-45 所示。

图 9-44　封面正面添加

图 9-45　粘贴封面的反面

6. 新建一个图层并重命名为"背景",将其放到图层的最下方,选择渐变工具 ,在属性栏中设置渐变为"黑白渐变"并进行填充,效果如图 9-46 所示。

图 9-46　CD 塑料盘面实物效果图

9.5.3　CD 盘面的设计

1. 执行"文件"→"新建"命令,弹出新建命令对话框,在名称文本框中,输入光盘,设置宽度为 120mm、设置高度为 120mm,设置分辨率为 300 像素,设置颜色模式为 RGB 颜色,然后单击确定。

2. 新建一个图层,命名为图层 1。

3. 同样要借助于参考线来定位。先按 Ctrl + R 组合键显示标尺,同时拖出参考线(位置在 60mm 处),如图 9-47 所示。

4. 选择椭圆选区工具 ◎,在属性栏中设置"样式"为"固定大小",宽度和高度都设为 120mm,按住 Alt 键的同时将鼠标移到两条参考线的交叉点并用左键单击形成如图 9-48 所示的选区。

图 9-47　参考线

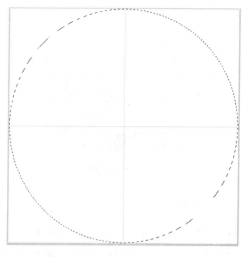

图 9-48　圆形选区

5. 按 D 键,恢复默认的前景色和背景色,再按 Alt + Delete 组合键将图层 1 的选区内填充为黑色,如图 9-49 所示。

6. 移动鼠标指针到图层面板的不透明处,单击下拉按钮,出现不透明度的滑杆,单击滑块进行拖动,拖至 20% 处,更改图层 1 的不透明度,如图 9-50 所示。

图 9-49　填充黑色

图 9-50　更改图层不透明度

7. 再新建一个图层——图层 2,单击鼠标右键,在出现的快捷菜单中,选择变换选区,如图 9-51 所示。

8. 出现了变换的定界框,将鼠标指针移到角点处,按住 Shift + Alt 组合键,向内拖动鼠标,对选区进行缩小,缩小到合适的位置,按 Enter 键,完成对选区的变换,如图 9-52 所示。

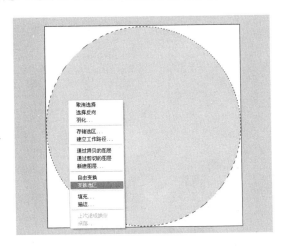

图 9-51　变换选区

图 9-52　变换选区

9. 按 Alt + Delete 组合键将图层 2 的选区内填充为黑色,再按 Ctrl + D 组合键取消选择,效果如图 9-53 所示。

10. 下面要制作光盘中心的圆孔,它的精确尺寸是 15mm。将鼠标指针移动到工具属性栏上,在样式下拉选项中选择固定大小,在宽度和高度的文本框中分别点鼠标右键,在下拉选项中更改计量单位为毫米,在高度和宽度文本框输入 15mm,按 Shift + Alt 组合键,在两条参考线交点处单击鼠标,在画面上出现一个所设大小的圆,如图 9-54 所示。

 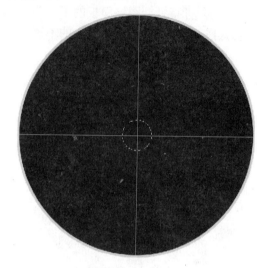

图 9-53　填充黑色　　　　　　　　　　　　　　图 9-54　圆形选区

　　11. 按 Delete 键,将图层 2 中的图像进行删除,选区内显示图层 1 的图像。移动指针到图层面板上,在图层 1 上单击,使图层 1 处于被编辑状态。选中中间圆形选区,按 Delete 键删除,如图 9-55 所示。

　　12. 按 Alt + S + T 组合键变换选区,出现了变换的定界框。将鼠标指针移到角点处,按 Shift + Alt 组合键,向外拖动鼠标,对选区进行放大到合适的位置,按 Enter 键,完成对选区的变换,如图 9-56 所示。

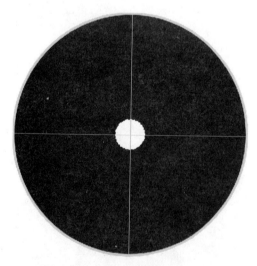 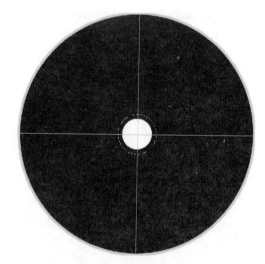

图 9-55　删除圆形选区　　　　　　　　　　　　图 9-56　变换选区

　　13. 使图层 2 处于被编辑状态,按 Delete 键,将图层 2 中选中的图像进行删除,如图 9-57 所示。

　　14. 在选区内右键单击,选择"变换选区",调整至如图 9-58 所示的大小。

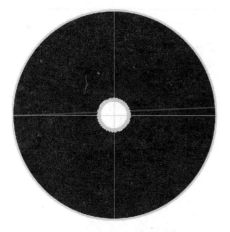
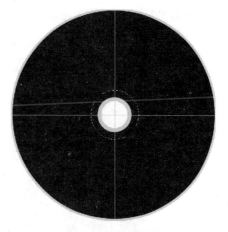

图 9-57　删除选区中图层 2 的内容　　　　　图 9-58　变换选区并调整大小

15. 新建一个图层 3，执行"编辑"→"描边"命令，在弹出的描边对话框中作如图 9-59 所示的设置，按 Ctrl + D 组合键取消选区。

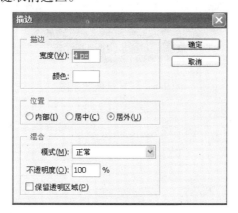

图 9-59　描边设置

16. 将"CD 封面设计"文件中相关的图层拖动到"CD 盘面设计"文件中并调整至合适的大小和位置。按下 Alt 键的同时用鼠标左键单击两个图层间的中缝可形成剪贴蒙版，如图 9-60 所示。

图 9-60　创建剪贴蒙版

17. CD 盘面设计最终效果图如图 9-61 所示。

图 9-61   CD 盘面效果图

项目 10　书籍装帧设计

10.1　情境描述

鹏翔图书公司准备出版一套青春系列的书籍,在经过比对后决定邀请实力雄厚的蓝风广告公司为其设计此套系列的书籍封面及插图,因王杰刚从大学毕业,对学生的爱好比较了解,因此李经理将此交给王杰来设计。

10.2　问题分析

1. 封面包含几个部分?

一本书籍最先和读者接触的部分是封面。由于封面包裹住整个书页,起着一定的保护作用,所以又叫书皮或封皮。一般书的封面包括三个部分:正封面、底封面和书脊。

正封面印有书名、作者、译者姓名和出版社的名称,起着美化书刊和保护书芯的作用。

图书在封底的右下方印统一书号和定价,书脊是连接封面和封底的书脊部。书脊上一般印有书名、册次、作者、译者姓名和出版社名以便查找。

2. 封面的图片应做怎样的设计?

封面的图片以其直观、明确、视觉冲击力强、易于读者产生共鸣的特点,成为设计要素中的重要部分。图片的内容丰富多彩,最常见的是人物、动物、植物、自然风光以及一切人类活动的产物。图片是书籍封面设计的重要环节,它往往在画面中占很大面积,成为视觉中心,所以图片设计尤为重要。

10.3　所用素材

所用素材如图 10-1 所示。

图 10-1　所用素材

10.4 作品效果图

作品效果图如图 10-2 所示。

图 10-2 书籍封面效果图

10.5 任务设计

本次案例主要完成一个软皮抄封面的设计,可分为四部分来完成:

一、书籍封面背景图的设计。

二、封面图案及插图的设计与安排。

三、文字的录入与编排。

四、设计稿的完善及检查存储。

10.5.1 书籍封面背景图的设计(Photoshop)

1. 按 Ctrl + N 组合键,新建一个文件:宽度为 361mm,高度为 256mm,分辨率为 300ppi,颜色模式为 RGB,背景内容为白色,如图 10-3 所示。

2. 选择"视图"→"新建参考线"命令,弹出"新建参考线"对话框,取向选择"水平",位置输入"3mm",新建一条参考线,用相同的方法在 253mm 处新建一条水平参考线,如图 10-4

所示。

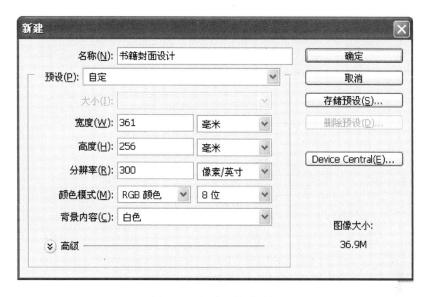

图 10-3　新建文件对话框

图 10-4　新建水平参考线

3. 选择"视图"→"新建参考线"命令,弹出"新建参考线"对话框,取向选择"垂直",位置输入"3mm",新建一条参考线,用相同的方法在 173mm、188mm 和 358mm 处新建垂直参考线,如图 10-5 所示。

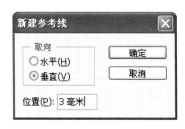

图 10-5　新建垂直参考线

4. 单击图层面板下方的新建图层按钮 ,新建一个图层并将其命名为"背景渐变",在工具栏中选择圆角矩形工具 ,在属性栏中选择路径按钮 ,半径设置为 15mm,绘制一个圆角矩形路径,如图 10-6 所示。

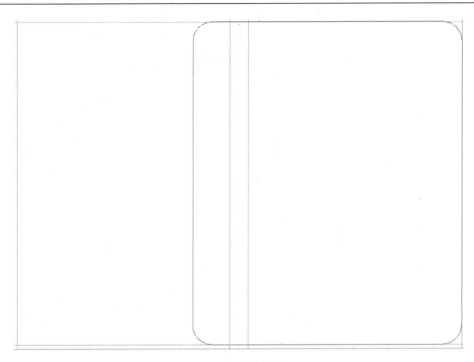

图 10-6　圆角矩形

5. 按 Ctrl + Enter 组合键,将路径转换为选区,选择矩形选区工具 ,在属性栏中单击从选区中减去 按钮,用鼠标拖出矩形框,在圆角矩形选区上减掉矩形选区得到如图 10-7 所示的选区。

图 10-7　适合的选区

6. 选择渐变工具,左边色标 R、G、B 为 246、182、45,右边色标 R、G、B 为 245、129、42。从上往下拖动鼠标填充渐变,效果如图 10-8 所示。

图 10-8　填充渐变后

7. 按住 Alt 键的同时按下鼠标左键并拖动鼠标复制一个"渐变背景",按组合键 Ctrl + T 并在"渐变背景"上右键单击,选择"水平翻转"并调整到合适的位置,如图 10-9 所示。

图 10-9　复制渐变背景

8. 新建一个图层并命名为"草地1",选择画笔工具并做如图 10-10 所示的设置。

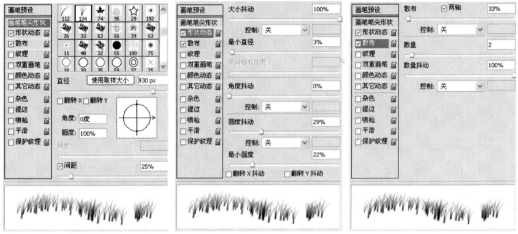

图 10-10　画笔设置

9. 更改前景色,颜色值为#06760e,在"草地1"图层上绘制,按下 Ctrl 键的同时用鼠标左键单击图层"渐变背景"缩览图载入背景选区,按 Ctrl + Shift + I 组合键反选,按 Delete 键删除圆角矩形外的杂草,如图 10-11 所示。

图 10-11　绘制草地

10. 新建图层并重命名为"草地2",用同样的方法绘制草地 2,如图 10-12 所示。

11. 新建一个图层并重命名为"形状",选择椭圆选区工具 ◯,在图像中绘制一个椭圆选区,如图 10-13 所示。

180

图 10-12　草地 2

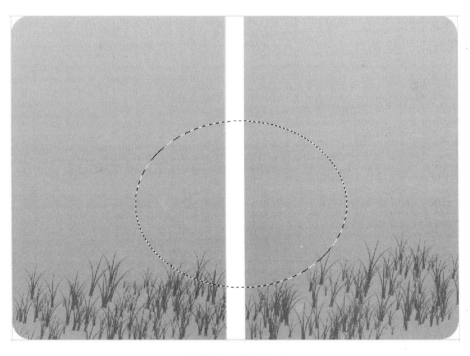

图 10-13　椭圆选区

12. 单击属性栏中从选区减去按钮，在刚才的椭圆选区内再绘制一个椭圆形选区，如图 10-14所示。

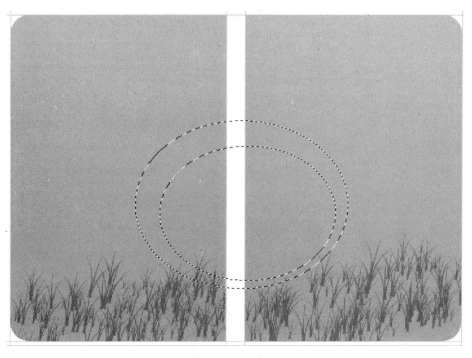

图 10-14 减去椭圆选区

13. 将前景色设置为"#ffcc00",按 Alt + Delete 组合键填充前景色,按 Ctrl + D 组合键取消选区,效果如图 10-15 所示。

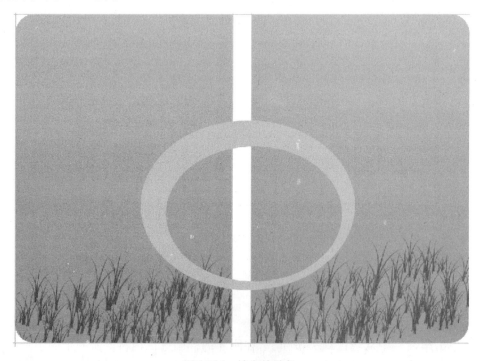

图 10-15 填充前景色

14. 按上述方法绘制如图 10-16 所示的图形。

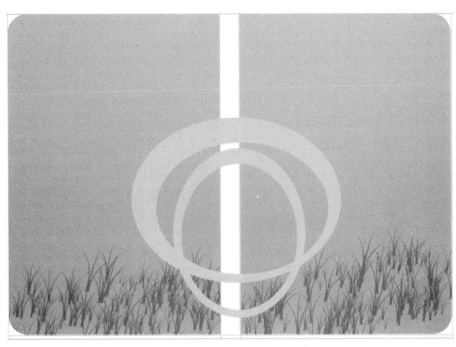

图 10-16   形状 1

15. 新建一个图层并重命名为"形状 2",选择椭圆选区工具 ⌣,在图像中绘制一个圆形选区,如图 10-17 所示。

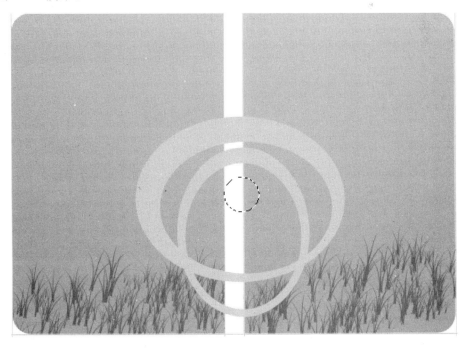

图 10-17   圆形选区

16. 按 Alt + Delete 组合键填充前景色，如图 10-18 所示。

图 10-18　圆形

17. 同时选中"形状""形状 1""形状 2"三个图层（可以按下 Ctrl 键的同时单击选中三个图层，也可以选中第一个图层后按下 Shift 键的同时选中最后图层可选中连续的图层），按 Ctrl + T 组合键，右键单击，选择"旋转 90°（逆时针）"，如图 10-19 所示。

图 10-19　逆时针旋转 90°

18. 按下 Ctrl 键的同时单击"渐变背景 副本"缩览图，按 Ctrl + Shift + I 组合键反向选择，将图层切换到"形状"图层，按 Delete 键删除选区中的内容，分别切换到图层"形状 1""形状 2"，按 Delete 键删除，效果如图 10-20 所示。

图 10-20　删除选区中的内容

19. 按 Ctrl + S 组合键将文件保存为"封面背景"。

10.5.2　书籍封面内容的添加 (Illustrator)

1. 打开 Illustrator 软件，按 Ctrl + N 组合键，在弹出的新建文件对话框中作如图 10-21 所示的设置。

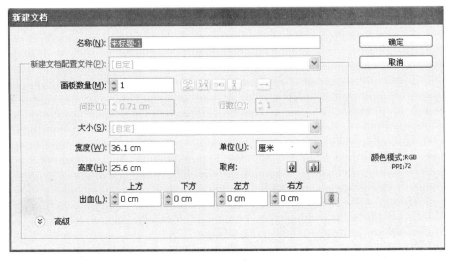

图 10-21　新建文件对话框

2. 执行"文件"→"置入"命令将"封面背景"文件置入到当前文件中,将"封面背景"调整至合适的位置,并按 Ctrl + 2 组合键将对象锁定,如图 10-22 所示。

图 10-22 添加"封面背景"

3. 选择矩形工具 ▢,绘制如图 10-23 所示的矩形。

4. 双击旋转工具 ↻,在弹出的对话框中,设置旋转角度为 60°,单击复制按钮,效果如图 10-24所示。

图 10-23 绘制矩形选区 图 10-24 复制矩形

5. 按 Ctrl + D 组合键再复制一个图形,如图 10-25 所示。

6. 选择"选择"菜单,用圈选的方法将所绘制的矩形同时选取,选择"窗口"→"路径查找器"命令,在弹出的"路径查找器"面板中,单击与形状区域相加按钮 ,效果如图 10-26 所示。

图 10-25　复制一个图形

图 10-26　执行选区相加

7. 将刚才所做的图形复制多个,并调整大小、改变透明度、旋转调整角度,效果如图 10-27 所示。

8. 选择矩形工具 ,绘制如图 10-28 所示的矩形。

图 10-27　将图形复制

图 10-28　白色矩形

9. 执行"文件"→"置入"命令,选择"条码"文件,调整至合适的大小和位置,如图 10-29 所示。

10. 选择文字工具**T**,输入文字"定价:32 元(内含光盘一张)",如图 10-30 所示。

图 10-29　加入条形码

图 10-30　输入文字

11. 选择"椭圆工具",按住 Shift 键的同时在页面中绘制一个圆形,设置填充色为白色并设置描边色为无,在属性栏中设置"不透明度"为 30,效果如图 10-31 所示。

12. 选择"选择"工具,选取圆形,按 Ctrl + C 组合键,复制图形,按 Ctrl + F 组合键,将复制的图形粘贴在前面,按住 Shift + Alt 组合键的同时向内拖拽鼠标等比例缩小图形,在属性栏中调整"不透明度"为"50%",如图 10-32 所示。

图 10-31　圆形选区

图 10-32　复制圆形

13. 用同样的方法再复制一个,并调整图层的不透明度为"75%",如图 10-33 所示。

14. 选择"选择"菜单,用圈选的方法将所绘制的圆形同时选取,按 Ctrl + G 组合键将其编组,效果如图 10-34 所示。

图 10-33　复制一个新的圆形　　　　　　　　图 10-34　编组

15. 将刚才所做的图形复制多个,并调整大小、改变透明度,如图 10-35 所示。

16. 选择矩形选区工具,绘制如图 10-36 所示的矩形,描边色为白色,粗细为 5px,填充色颜色值为"#F8B62D"。

图 10-35　圆形装饰点　　　　　　　　　　图 10-36　矩形

17. 按下 Alt 键的同时拖动鼠标将矩形复制多个，并调整图形的角度，如图 10-37 所示。

18. 选择文字工具 **T**，输入文字"忧郁掠过我的青春"，如图 10-38 所示。

图 10-37　复制矩形　　　　　　　　　　图 10-38　输入文字

19. 选择椭圆选区工具，按住 Shift 键的同时绘制如图 10-39 所示的圆形选区，设置描边色为白色，粗细为 1px，填充色为"#F39800"。

20. 按下 Ctrl + C 组合键将圆形复制，按 Ctrl + F 组合键将复制的图形粘贴到前面，按下 Alt + Shift 组合键的同时调整图形大小，填充为"无"，描边色为"#FFF100"，粗细为 5px，效果如图 10-40 所示。

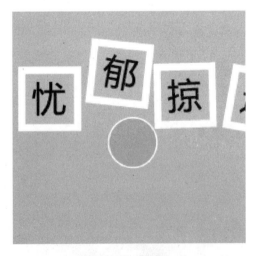 

图 10-39　圆形　　　　　　　　　　　图 10-40　复制圆形

21. 用圈选的方法将所绘制的圆形同时选取，按 Ctrl + G 组合键将其编组，按住 Alt 键的同时复制两个图形调整至合适的位置及大小并在属性栏中改变不透明度，效果如图 10-41 所示。

190

图 10-41　复制圆形

22. 选择矩形工具,绘制如图 10-42 所示的矩形条,填充色为"白色",在属性栏中调整"不透明度"为"50%"。

图 10-42　矩形白条

23. 选择文字工具,输入文字"伫立在阳光下,看着自己的影子由长变短,再由短变长地轮回着。阳光穿越了不少地方,留下一个个斑驳的影子,于是我感到了真实——蓝的天、白的云、以及那荡荡悠悠的思绪。"文本颜色为"白色",字体为"微软雅黑",大小为 14pt,如图 10-43 所示。

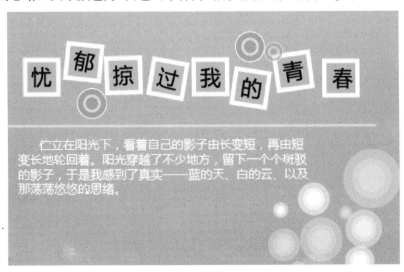

图 10-43　添加文字

191

24. 选择椭圆工具，按住 Shift 键的同时绘制圆形，如图 10-44 所示，填充为"无"，描边色为"#E4007F"，描边粗细为 1pt。

25. 按下 Ctrl + C 组合键将圆形复制，按 Ctrl + F 组合键将复制的图形粘贴到前面，按下 Alt + Shift 组合键的同时调整图形大小，填充色"#E4007F"，描边为"无"，效果如图 10-45 所示。

图 10-44　圆形　　　　　　　　　　　图 10-45　复制圆形并调整大小

26. 选择文字工具 T，输入文字"萧至良　著"，字体为"华文新魏"，大小为"24pt"，颜色为"#E4007F"，调整位置如图 10-46 所示。

27. 选择文字工具 T，输入文字"中国清风出版社"，字体为"华文新魏"，大小为"24pt"，颜色为"白色"，调整位置如图 10-47 所示。

图 10-46　输入文字　　　　　　　　　　图 10-47　输入出版社名字

28. 在书中缝输入文字,并调整合适的大小和位置,最终效果图如图 10-48 所示。

图 10-48　最终效果图

参 考 文 献

［1］刘万辉．Photoshop CS5 图像处理案例教程［M］．北京：机械工业出版社，2011．

［2］董明秀．Photoshop CS6 八大核心技术揭秘［M］．北京：清华大学出版社，2013．

［3］时代印象．中文版 Photoshop CS6 宝典［M］．北京：中国水利出版社，2014．

［4］彭小霞．中文版 Photoshop CS6 从入门到精通［M］．北京：清华大学出版社，2014．

［5］沈道云．Photoshop 案例教程［M］．北京：北京大学出版社，2010．

［6］冯建忠．Photoshop 实用案例教程［M］．北京：机械工业出版社，2012．